AF558821

ÄPFEL IN OSTFRIESLAND

Mit Erstbeschreibungen
ostfriesischer Apfelsorten

Gestaltung:
REDLINE design & illustration, Emden

Bibliografische Information der Deutschen Bibliothek
Die Deutsche Bibliothek verzeichnet diese Publikation in der Deutschen Nationalbibliografie; detaillierte bibliografische Daten sind im Internet über <http://dnb.ddb.de> abrufbar.

ISBN 978-3-7308-1376-8

Gedruckt bei Isensee in Oldenburg

INHALT

Wenn nich wi, well anners?

IN ERINNERUNG AN DR. HANS SCHMIDT

Hans Schmidt war 2011 Initiator dieses Buches, das ursprünglich als reine Sortenbroschüre gedacht war. Sein Credo lautete: „Wenn nicht wir, wer sonst soll sich um das schriftliche Festhalten der bisher unbeschriebenen ostfriesischen Sorten kümmern?"

Nach Beendigung seiner Dienstzeit als Kreisveterinär in Wittmund hat er sich umfangreiches Wissen zum naturgemäßen Obstbau angeeignet und eine große Streuobstwiese mit 80 ausschließlich alten Sorten auf seinem Grundstück angelegt. Seine Erfahrung mit der Beweidung dieser Fläche mit Soay-Schafen hielt er im Jahresheft des Pomologenvereins 2013 fest. Hans Schmidt half bei sämtlichen in der Region ausgetragenen Apfeltagen mit und vernetzte pomologisch Interessierte zwischen Ostfriesland, Emsland, Wilhelmshaven und Ammerland. Zur Europom 2014 (Europäische Obstsortenausstellung) hat er die ostfriesischen Sorten beigesteuert.

Ein Großteil der in diesem Buch aufgeführten Sorten wurde von ihm fotografiert und pomologisch beschrieben. Seiner Frau danken wir für ihr Verständnis und ihre Geduld, denn in ihrem Haus und Garten türmten sich jährlich immer mehr Beutel und Kisten mit Apfelsorten, welche von ihm fotografiert, bestimmt, beschrieben und für Ausstellungen gesammelt wurden.

Trotz einer schweren Erkrankung hat er bis zu seinem Tod im Jahr 2016 zielstrebig an dem Buch gearbeitet und viele Ideen eingebracht. Ihm zu Ehren wird ein von ihm ausgelesener Apfelsämling aus seinem Garten als „Dr. Schmidt's Zögling" benannt und im Ökowerk Emden vermehrt. Diese Sorte wurde 2016 mit in das EU-weite Sortenregister aufgenommen und darf somit gehandelt werden.

Wir haben einen warmherzigen und geschätzten Freund verloren und sind ihm zutiefst dankbar. Ohne ihn würde es dieses Buch nicht geben.

Marita Tjarks
Heinz-Herbert Buss
Matthias Bergmann

En Kiekje in de Appeltuun

DER APFEL IN OSTFRIESLAND

Appelbomen in Oostfreesland?

EINE EINLEITUNG

„Dass Ostfriesland sich wohl für den Obstbau eignet und besseres und schmackhafteres Obst liefert", schrieb schon Jan ten Doornkaat-Koolmann aus Norden 1870 aufgrund seiner eigenen langjährigen Erfahrungen mit dem Obstanbau an der stürmischen Küste. Soetappels, Surappels, Käskes, Klockappels, Vaderappels, Swartappels, Speckappels, Iserappels, Paradiesappels, Glasappels – in diesem Buch geht es rund um den ostfriesischen Apfel. Erstmals werden hier viele Sorten beschrieben, die an der Nordseeküste zwischen Dollart und Jadebusen entdeckt, für gut befunden und zumeist mit plattdeutschen Namen versehen wurden. Keiner weiß, wie viele regionale Sorten es jemals gab, viele werden mit dem Abholzen der alten Obstgärten – den Appeltuun – für immer verschwunden sein. So wie sie einst aus einem Sämling erwuchsen, wurden die erhaltenswerten Sorten über Generationen durch das Veredeln von Reisern weitergegeben. Keine Frucht erlangte solch einen Ruhm wie der Apfel. So ist es nicht verwunderlich, dass es auch in Ostfriesland eigene Sorten gibt. Dazu gibt es über den Apfel vielfältige Geschichten und Sagen im Volksglauben und Brauchtum. Aber auch Menschen, die sich seit je her mit Äpfeln beschäftigen, sogenannte Pomologen, von denen einige ihr Wissen aus Ostfriesland sogar in die Welt trugen.

Eine der ältesten dokumentierten Sorten des Kulturapfels ist vermutlich der Borsdorfer Apfel, der bereits 1170 von den Zisterziensern erwähnt wurde. Um 1880 waren bereits viele tausend Apfelsorten weltweit in Kultur, davon allein in Preußen über 2.300 Sorten. Seit dem Beginn der Industrialisierung bis ins frühe 20. Jahrhundert wurde vielfältiger Obstbau und Züchtung zur Versorgung der städtischen Großräume politisch gefördert. Unterstützt durch Obstbauliteratur und den Pomologenverein konnte eine große regionale Sortenvielfalt dokumentiert und erhalten werden.

Heute gibt es in Deutschland ungefähr 1.500 Sorten, von denen aber lediglich 60 wirtschaftlich bedeutend sind. Die aufwendige Sortenkunde und der Erhalt alter oder nicht mehr industriell genutzter Sorten wird heute vom Pomologenverein und verschiedenen Einzelpersonen betrieben. Im Gartenhandel und bei Direktvermarktern sind als Obst nur noch etwa 30 bis 40 Apfelsorten erhältlich – aber mit wieder leicht steigender Tendenz. In den Auslagen der Supermärkte hingegen schrumpft das Angebot sogar auf fünf bis sechs globale Apfelsorten zusammen. Neben der Vielfalt des Angebotes gehen zunehmend auch innere Qualitäten der Sorten verloren. Für neu gezüchtete Sorten werden neuerdings auch Patentrechte vergeben. Man spricht auch von Markenäpfeln, sogenannten Clubsorten, wie zum Beispiel ‚Pink Lady', die teilweise nur mit Lizenz verkauft werden dürfen.

Inzwischen erlebt der Apfel eine Renaissance: seit Anfang der 1990er Jahre geraten alte, fast vergessene und verschollen geglaubte Sorten wieder in den Fokus. Man könnte meinen, alle hundert Jahre wieder kommt der Apfel groß raus. In Zeiten des wiederentdeckten Landlebens mit zahlreichen Zeitschriften über Landlust und Landliebe sowie Landpartien und Apfeltagen werden erneut Obstwiesen gepflanzt, wird wieder selber Apfelsaft gepresst und alte Sorten werden auf Märkten angeboten. Getreu dem Motto Luthers: Auch wenn ich wüsste, das morgen die Welt zugrunde geht, würde ich heute ein Apfelbäumchen pflanzen soll dieses Büchlein Hoffnung verbreiten und helfen, ein Stück regionale Vielfalt zu retten.

Seit einigen Jahren werden in Ostfriesland wieder zahlreiche Obstwiesen angelegt.

Van d' Kloster bit to de Auerker Süssmost GmbH

ZUR GESCHICHTE DES APFELS

Wann genau die ersten Äpfel bzw. Apfelbäume in Ostfriesland auftauchten, ist nicht bekannt. Vermutlich wurden die ersten Sorten über die Klöster verbreitet, von denen es im frühen Mittelalter zwischen Ems und Jade 28 gab. Hier waren es insbesondere die Zisterzienser, die sich intensiv mit der Landwirtschaft beschäftigten und zur Selbstversorgung die ersten Obstgärten anlegten. Der Borsdorfer oder auch Edelborsdorfer ist die älteste dokumentierte Apfelsorte in Deutschland und wahrscheinlich auch in Europa. Er ist, wie die Graue Französische Renette, eine Entdeckung der Zisterzienser. Diese betrieben in Ihlow von 1228 bis 1529 das größte Kloster zwischen Groningen und Bremen. Ob auch der Streifenapfel Kloster Ihlow eine Entdeckung der Zisterzienser ist, wissen wir leider nicht.

Klöster waren Vorreiter im Gartenbau

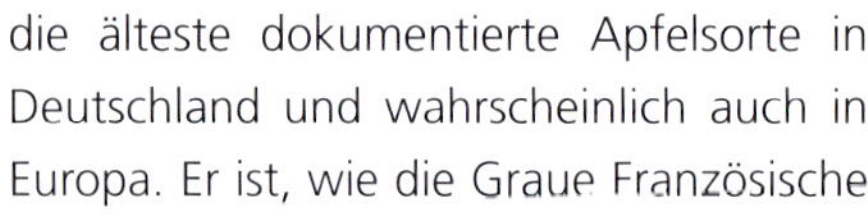

Nach der Reformation waren es sicherlich die reicheren Häuptlingsgeschlechter, die in ihren Burganlagen den Obstanbau weiterentwickelten. „In den ummauerten herrschaftlichen Gärten des 18. Jahrhunderts stand der Obst- und Gemüsebau schon im 17. und 18. Jahrhundert auf einem beachtlich hohen Niveau. Man hatte damals bereits im Greetsieler Burggarten die heutige Glaskultur vorweggenommen, wenn man die dort betriebene Melonenzucht unter Glaskappen so verstehen darf. Kirschen, Moorbeeren (Maulbeeren) und sogar Weintrauben wurden von dort, wie heute Gurken und Erdbeeren von Wiesmoor, verschickt. Der Gartenbau brachte mehr als das Vierfache der Pacht eines Bauernhofes ein. Die Burggärtner waren in der Regel Franzosen; sie haben, wie die Mönche in den mittelalterlichen Klostergärten, damals Erstaunliches zuwege gebracht und Anregungen mancher Art ausgestreut, vielleicht nicht so sehr für die bäuerlichen Betriebe und das flache Land überhaupt, als für den städtischen Gartenbesitzer und Gartenliebhaber. Versuche, nach dem Zweiten Weltkrieg Obstanlagen auf dem freien Felde anzulegen, sind ausnahmslos gescheitert. Die bis zur Jahrhundertwende verbliebenen herrschaftlichen

Gefährdete historische Nutzungen: Alter Obstbaum an einem Backhäuschen

Gärten in Hinte, Loppersum, Jennelt, Groothusen und Westerhusen unterstanden immer noch der Pflege gelernter Gärtner. Die Obsternte konnte leicht in der näheren Umgebung untergebracht werden, da unter den Bauern sich nur selten einer als Obstzüchter hervortat" schrieb Jannes Ohling 1963.

Während der Obstanbau in den ursprünglich weiten Hochmooren unmöglich und auf den schweren Marschboden mit den starken Küstenwinden schwierig war, waren insbesondere die klimatisch begünstigten Wallheckengebiete der Geest gut geeignet für die Anlage von Obstwiesen und -gärten.

Der Heimatforscher Rudolf Bielefeld beschrieb 1924, dass die Obstbaumzucht in Ostfriesland meist nur in Gärtnereien betrieben wurde: „Sie ist kein bedeutender Nebenzweig der Landwirtschaft; doch sind in den letzten dreißig Jahren hier und da schätzenswerte Anfänge gemacht worden. Vieles ist noch im Werden begriffen, da man sich in letzter Zeit mehr für den Obstbau zu interessieren beginnt. Die durch die Meeresnähe mit herbeigeführte Kühle in den Frühlingsnächten, die manchmal die Blüten erfrieren lässt, und die nasse, oft auch stürmische Sommerwitterung richten im Obstgarten leider manchmal empfindlichen Schaden an. In den Obstgärten (Appelhoff) bei den Bauernhäusern sieht man meist Apfelbäume, weniger Birn-, vielfach aber auch Kirsch- und Pflaumenbäume. Die Früchte werden meist im Haushalt verbraucht". Trotzdem waren Äpfel für die überwiegend arme Bevölkerung Ostfrieslands schwer zu bekommen und so manches Kind freute sich zu Weihnachten über einen Apfel als Geschenk.

Witt sünd de Müren, grön sünd de Büren, bruun sünd de Papen, de 's nachts in 't Kloster slapen.

Klimatisch hat sich die die Situation heute für den Obstanbau etwas gebessert, denn die früher offensichtlich strengeren Winter gibt es kaum noch. Während um 1900 eine Baumpflanzung im Frühjahr empfohlen wurde, pflanzt man heute vorwiegend schon im Herbst, damit die Bäume bis zum Frühjahr schon mit dem Wurzelwachstum beginnen können. Darüber hinaus war Ostfriesland mit den Marschen und Mooren in den vergangenen Jahrhunderten ein weitgehend offenes, baumloses Land. Während die ehemals weiten Hochmoore heute verschwunden sind, trifft für die Marsch noch heute zu, was Jannes Ohling 1963 schrieb: „Wenig hören wir aus schriftlicher Überlieferung über den Obstbau, der auf den kahlen, sturm-

Rätsel: „Weiß sind die Mauern, grün sind die Bezüge, braun sind die Mönche, die nachts im Kloster schlafen." (grüner Apfel mit weißem Fruchtfleisch und braunen Kernen)

umtosten Warfen der Marsch mit ihrem undurchlässigen Tonboden sich niemals lohnen konnte. Doch wird man an geschützter Stelle einige widerstandsfähige Sorten angepflanzt haben; so treten z.B. die Borssumer Zwetschge und die Larrelter Duuräpfel (Dauerapfel) schon im 18. Jahrhundert rühmlich hervor. Man kann daraus mit Recht auf den geeigneten Boden am hohen Ufer der Ems schließen; der holländische Kapitän Falke besaß hier einen großen Obstgarten. Die Flussmarschen sind nicht so „vreet"* wie der „knickige" Boden der Altmarsch. Sonst kannte man noch den Kaneelapfel (Zimtapfel), die Piepkantjes und Pisontjes (Taubenäpfel), den Keeske- und Pannkooksappel, die Nuretjes und andere nach der Form genannte Lokalsorten".

* „vreet" = sehr schwerer Boden

Leider wurden gerade ab den 1960er Jahren zahlreiche Obstwiesen beseitigt und auch der obligatorische häusliche Nutzgarten mit Obstbäumen wich immer mehr einem Ziergarten mit Rasenflächen und Koniferen.

Appels för de Döst, war völ Fucht in sitt.

In Aurich wurde 1939 vom Auricher Frauenverein eine Genossenschaft gegründet, die nach dem zweiten Weltkrieg Obst aus ganz Ostfriesland verarbeitete. Dabei wurde zunächst noch das Obst von Hand verarbeitet und jeder Obstlieferant bekam den Most von seinen eigenen Äpfeln in Flaschen abgefüllt zurück. Es entwickelte sich eine kleine Mosterei, die 1941 nach Haxtum verlegt wurde. 1953 wurde eine zweischiffige Verarbeitungshalle gebaut, um die immer größer werdende Produktion gewährleisten zu können. 1984 wurde die Gartenbaugenossenschaft aufgelöst und die Mosterei als „Auricher Süssmost" von der Familie Meenen weitergeführt. Nach 1990 wurde der Betrieb nach Sandhorst verlagert und die alten Gebäude anschließend von der Kreisvolkshochschule genutzt und 2017 für einen Neubau abgerissen. Im Laufe der Jahre entstand so aus einer traditionellen Apfelkelterei ein moderner Industriebetrieb. Heute produziert die moderne Abfüllstraße 10.000 Flaschen Qualitätssäfte in einer Stunde, sodass in der Saison ca. 3.000 bis 4.000 Tonnen Äpfel verarbeitet werden können.

Erst um die Jahrtausendwende begann eine Renaissance der Streuobstwiesen aus Gründen des Naturschutzes. Umweltorganisationen wie NABU, BUND, Verein

Obstmühle im Einsatz (Historischer Stahlstich, England um 1700)

Gerhard Gronewold vom NABU-Aurich
beim Apfelfest in Oldersum

Appelhoff, Ökowerk Emden und Jägerschaft haben in den letzten 15 Jahren in ganz Ostfriesland zahlreiche neue Streuobstwiesen gepflanzt. Hinzu kommen einige weitere Streuobstwiesen, die im Zuge von Ausgleichsmaßnahmen von Kommunen oder von Privatleuten angelegt wurden. In Ostfriesland sind so in den letzten Jahren insbesondere auch durch die Förderung der Niedersächsischen Bingo-Umweltstiftung etliche Obstwiesen mit mehr als geschätzten 5.000 Obstbäumen gepflanzt worden.

Inzwischen gibt es auch Obstbaumschulen, Einrichtungen und Einzelpersonen in Ostfriesland, die sich auf die Vermehrung alter regionaler Sorten spezialisiert haben wie z.B. Buss in Simonswolde, Brüntjen in Edewecht und das Ökowerk in Emden. Letzteres hat sogar im letzten Jahr das bedeutende Pomarium Frisae mit über 700 verschiedenen Sorten aufgebaut. Darüber hinaus bietet das Evangelische Bildungswerk Potshausen seit einigen Jahren spezielle pomologische Vorträge und Lehrgänge zum Obstbaum-Fachwart an.

Zur Vermarktung des Obstes hatte der BUND Ostfriesland von 2003-2005 versucht, unter der Marke „Appeltuun" Äpfel von Streuobstwiesen und aus Privatgärten zusammen mit der Auricher Süßmosterei zu vertreiben. Trotz guter Beteiligung konnte das Projekt leider nicht fortgeführt werden. Regelmäßige Apfeltage und -feste werden seit Jahren vom BUND, NABU und dem Park der Gärten in Bad Zwischenahn durchgeführt, bei denen u.a. die Sortenvielfalt zur Schau gestellt und vor Ort frischer Apfelsaft gepresst wird. 2015 wurde in Aurich der Verein „Ostfrieslands Streuobstwiesen" gegründet, der sich vor allem um die nachhaltige Pflege der Obstwiesen, die Weiterbildung der Obstbaumfachwarte und die Streuobstpädagogik kümmern möchte.

„Äpfel für den Durst, wo viel Feuchtigkeit drin sitzt." (saftige Äpfel)

Över Puupvögels un Fleddermusen

ÖKOLOGIE UND SCHUTZ DER STREUOBSTWIESEN

Der Begriff „Streuobstwiese" wird erst seit 1975 verwendet und hat sich aus der Redewendung „Obstbau in Streulage" entwickelt. Früher sprach man allgemein von Obstwiesen oder Obstgärten und in Ostfriesland vom „Appeltuun" oder „Appelhoff". Durch die Pflanzung von großkronigen Obstbäumen auf einer Fläche konnte man diese doppelt nutzen: die Früchte wurden im Haushalt verwendet und das Grünland darunter wurde zumeist beweidet. In Ostfriesland wurden die Streuobstwiesen häufig als Kälberweiden und gerne als Gänse- und Hühnerauslauf genutzt, seltener auch mit Schafen und Schweinen beweidet. Wichtig ist dabei insbesondere bei jungen Bäumen ein ausreichender Baumschutz. Streuobstwiesen wurden in aller Regel dorfnah angelegt bzw. in direkter Nähe zum Hof, da man hier die Tiere im Blick hatte.

Da es in früheren Zeiten weder Kunstdünger noch Spritzmittel gegen Schädlinge gab, verwendete man nur die Sorten, die sich bei den jeweils regionalen Klima- und Bodenbedingungen bewährt und gegenüber Krankheiten und Schädlingen als robust herausgestellt hatten. So entstand über die Jahrhunderte eine große Sortenvielfalt mit zahlreichen Lokalsorten. Obstbäume in Streuobstwiesen können sehr alt werden (über 100 Jahre), dabei immer noch gute Erträge liefern, aber auch zahlreiche Höhlen und Totholz ausbilden. Die große ökologische Bedeutung ergibt sich aus den alten Bäumen mit ihrem Reichtum an Blüten und Früchten sowie dem bunten Grünland mit der extensiven Weidenutzung. In der Entstehung der mitteleuropäischen Kulturlandschaften haben sich zunehmend mehr Tiere und Pflanzen an diese Nutzungen angepasst und hier neue Lebensräume gefunden. Zu den Charakterarten der Streuobstwiesen zählt man vor allem Steinkauz, Wendehals und Wiedehopf. Letzterer erhielt im Plattdeutschen den Namen „Puupvögel", weil er mit seinem stinkenden Kot Feinde in die Flucht schlägt…

Intakte Streuobstwiesen beherbergen etwa 60 bis 120 Obstbäume pro Hektar aus verschiedenen Arten und Sorten. Durch die Förderung spezieller, widerstandsfähiger Sorten, die an die jeweiligen

Der Wiedehopf wird seit einigen Jahren wieder in Ostfriesland beobachtet. Er liebt alte und kurzrasig beweidete Obstwiesen.

Gegebenheiten nahezu perfekt angepasst sind, hat die Sortenauswahl stets einen regionalen Bezug. Durch die Verwendung des Obstes zur Selbstversorgung benötigte man auch viele Sorten, die lange haltbar waren oder durch die Herstellung zu Mus und Saft oder Einkochen haltbar gemacht werden konnten. Neben dem sogenannten Tafelobst kannte man somit auch zahlreiche Wirtschaftssorten. Streuobstwiesen stellen daher ein wichtiges Reservoir für den Genpool der Kulturäpfel dar.

Dunkle Erdhummel (Bombus terrestris)

Der Streuobstanbau hatte im 19. und in der ersten Hälfte des 20. Jahrhunderts eine große kulturelle, soziale, landschaftsprägende und ökologische Bedeutung in Deutschland. Durch die Intensivierung der Landwirtschaft nach dem Zweiten Weltkrieg setzte sich immer stärker der Plantagenanbau mit bis zu 3.000 kleinen Bäumchen pro Hektar durch. In der Europäischen Gemeinschaft wurden bis 1974 Rodungsprämien für jeden gefällten hochstämmigen Obstbaum bezahlt. Bis heute gingen die Streuobstwiesen in Deutschland so um über 80 % zurück und gehören inzwischen zu den am stärksten gefährdeten Biotopen Mitteleuropas. In Niedersachsen existieren heute nur noch Teil-Biotopkomplexe der Streuobstwiesen mit artenreichem Grünland, die nach der Roten-Liste der gefährdeten Biotopkomplex-Typen als vom Aussterben bedroht gelten. Auch heute noch werden alte Obstbäume gerodet; für viele alte Sorten gibt es inzwischen kaum noch Verwertungsmöglichkeiten, die Ernte der hohen Bäume ist schwierig, Kälber- und Schafsweiden sind selten geworden und Streuobstwiesen nicht mit großen Maschinen zu bewirtschaften.

Streuobstwiesen zählen zu den artenreichsten Biotopen in Mitteleuropa und sind mit über 3.000 Tier- und Pflanzenarten von überragender ökologischer

Auch heute noch werden alte Apfelbäume gerodet. Hochstamm-Obstwiesen erscheinen vielen nicht mehr zeitgemäß und sind oftmals anderen Nutzungen im Weg.

Moderner Intensivanbau in der Obstplantage Poppinga in Dornum.

Bedeutung. Je größer und älter die Obstbaumbestände sind und umso vielfältiger die Pflanzenwelt ist, desto größer ist auch die Artenvielfalt im Tierreich. Durch die typische Kombination von Ober- und Unternutzung, von Schatten und Licht, sind in Streuobstwiesen sowohl Arten des Waldes als auch der offenen Landschaft beheimatet. Besonders artenreich sind die Insekten vertreten: u.a. Blattwespen, Blattläuse, Käfer, Schmetterlinge, Wanzen, Schlupfwespen, Schwebfliegen, Florfliegen und Hornissen sowie deren Larven. Diese wiederum bieten eine Nahrungsgrundlage für Igel, Mäuse, Fledermäuse, Amphibien und zahlreiche Vögel. Insbesondere für viele Fledermausarten (Fleddermusen) können Streuobstwiesen wichtige Lebensräume darstellen, bei den Vögeln sind es vor allem Gartenrotschwanz, Grünspecht, Trauerschnäpper und die schon genannten, aber inzwischen bei uns mehr oder weniger ausgestorbenen Arten Steinkauz, Wendehals und Wiedehopf.

Der potentielle Artenreichtum von Obstwiesen erklärt sich also aus der Überlagerung der beiden Biotoptypen Obstbäume und Wiese sowie der sich daraus ergebenden räumlichen Nachbarschaft verschiedener, sich ergänzender Habitate (Lebensräume). Interessant und bemerkenswert sind daher vor allem solche Tiere, die beide Lebensräume gemeinsam nutzen und daher als besonders spezifisch für den Biotoptyp Obstbaum + Wiese = Obstwiese gelten können. In Ostfriesland werden Streuobstwiesen zudem bereichert durch Kleingewässer, die oftmals als Viehtränken genutzt wurden („Dobben").

Een rötterg Appel steckt de anner an.

Auch die auf der Geest noch zahlreichen Wallhecken erhöhen die Artenvielfalt enorm und bieten den Obstbäumen gleichzeitig Windschutz.

Die Obstbäume erreichen ab einem Alter von etwa 30 Jahren ihre besondere ökologische Funktion, wenn sich mit zunehmendem Totholz auch Höhlen ausbilden. Natürliche Höhlen werden von vielen Vogelarten wie Meisen, Gartenrotschwanz, Grauschnäpper, Star, Feldsperling und Käuzen genutzt. Hummeln, Wespen und

Viele Vogelarten wie der Kleiber nutzen Fallobst und hängengebliebene Früchte.

„Ein fauler Apfel steckt den anderen an." (böse Beispiele verderben gute Sitten)

Mit Nisthilfen kann man Höhlenbrütern zusätzlich helfen. Ein Paar Meisen mit Jungen frisst bis zu 150 kg Raupen und Insekten pro Jahr.

Hornissen bauen hier ihre Nester und Fledermäuse wie das Braune Langohr finden in hohlen Bäumen Quartiere für ihre Jungenaufzucht und den Winterschlaf. Beim Obstbaumschnitt sollte aus ökologischen Gründen darauf verzichtet werden, abgestorbene Äste abzuschneiden. Gerade dieses Totholz ist für viele Käferarten wichtig, die alten Fraßgänge werden von den Wildbienen als natürliche „Insektenhotels" genutzt und die Spechte wiederum wissen das gute Nahrungsangebot zu schätzen.

Artenreiches Grünland ist inzwischen sehr selten geworden. Aufgrund der hohen Nutzungsintensität in der Landwirtschaft mit hohen Düngegaben, Entwässerung und Einsaat von wenigen leistungsfähigen Gräsern mit 4-5 Schnitten pro Jahr bzw. intensiver Beweidung lassen den früher so zahlreichen Blumen und Kräutern keine Überlebenschancen mehr. Statt 40-50 Pflanzenarten sind in den heutigen Wiesen meistens kaum noch zehn verschiedene Arten anzutreffen. Für den Naturschutzwert der Streuobstwiesen sind daher eine mäßige Düngung mit Festmist und Kompost sowie höchstens 1-2 Schnitte pro Jahr oder eine Beweidung mit wenigen Tieren als Dauerweide entscheidend. Ohne Nutzung verbrachen und verfilzen die Wiesen, konkurrenzschwache Arten werden dann unterdrückt.

Auch die Art der Mahd ist entscheidend für die Artenvielfalt: moderne und leistungsstarke Mähwerke lassen den meisten Tieren keine Fluchtmöglichkeiten. Noch schlechter für die Artenvielfalt sind die in Mode gekommenen Schlegler oder Mulcher – sie zerquetschen mit der Vegetation auch nahezu sämtliche Tiere. Zudem verbleibt die Biomasse auf der Fläche und es kommt zu keiner Aushagerung; viele Blütenpflanzen wie z.B. Wilde Möhre, Schafgarbe, Glockenblume und Margerite sind jedoch auf nährstoffarme und offene Böden angewiesen. Am besten geeignet sind Balkenmähwerke, die es inzwischen auch in modernen Varianten gibt, oder für kleine Flächen auch die traditionelle Sense.

Da viele Pflanzenarten vielerorts inzwischen verschwunden sind und das alte Samenpotential im Boden irgendwann erlischt, sollte man bei der Neuanlage von Obstwiesen nicht nur die Bäume pflanzen, sondern auch die Wiese neu anlegen, wenn diese stark verarmt ist. Kennt man noch artenreiche Wiesen in der Nähe, kann man die sogenannte Heusaat nutzen: das frisch gemähte Gras wird im Sommer mit all den Samen auf die neue Wiese ausgebracht und verteilt. Wichtig ist jedoch, dass man die neue Wiese vorher umbricht und ein feinkrümeliges Saatbett vorbereitet. Die Heusaat kann man dann ergänzen durch die Einsaat von Wiesenmischungen oder auch nur diese verwenden. Dabei sollte man unbedingt darauf achten, dass es sich um einheimische (autochthone) Wiesenmischungen handelt. Viele Blumenwiesenmischungen enthalten leider viele Ackerwildkräuter wie Mohn und Kornblume, die schnell blühen, aber in der Wiese nicht dauerhaft bleiben, oder es sind gebietsfremde Arten und sogar Züchtungen enthalten.

Grünes Heupferd
(Tettigonia viridissima)

Mosaikartige und schonende Nutzungen erhöhen die Artenvielfalt in der Obstwiese. Wallhecken mit dichtem Strauchwerk bieten zudem Windschutz und Lebensraum.

Zur Förderung der Artenvielfalt ist es sinnvoll, Hecken aus einheimischen Sträuchern wie Haselnuss, Holunder, Vogelbeere, Hundsrose, Schlehe, Faulbaum, Weiden, Feldahorn und Weißdorn zu pflanzen. Sonderbiotope wie Reisig- und Lesesteinhaufen, offene Sandflächen, feuchte Mulden und kleine Teiche sowie ungenutzte Randstreifen erhöhen die Strukturvielfalt und schaffen Lebensräume für viele Arten. Außerdem empfiehlt es sich, verschiedenste Nisthilfen für Vögel, Fledermäuse und Insekten aufzuhängen sowie Sitzstangen für Eulen und Greife aufzustellen. Auf diese Weise stärkt man die Beutegreifer, die Raupen, Läuse und Wühlmäuse in Schach halten, und damit insgesamt das ökologische Gleichgewicht stützen.

Der Steinkauz war in Ostfriesland einst weit verbreitet und gilt inzwischen als ausgestorben. Daher gibt es zahlreiche Bemühungen, ihn wieder heimisch zu machen.

Steekappels, Biggenboom un Hexeree

DER APFEL IM VOLKSGLAUBEN UND BRAUCHTUM

So wie es eigene ostfriesische Apfelsorten gibt, so spielte der Apfel auch im Aberglauben vergangener Epochen und im Brauchtum eine große Rolle. **Jan van Dieken** (1893-1971), Pastor, Schriftsteller und Botaniker aus Hollen hat sein Leben lang Geschichten und Anekdoten sowie plattdeutsche Namen von Pflanzen gesammelt. In seinem letzten Werk „Pflanzen im ostfriesischen Volksglauben und Brauchtum" von 1971 hat er insbesondere zum Apfel Einiges zusammengetragen.

Einer bekannten ostfriesischen Sage nach ließ Enno Ludwig, Graf von Ostfriesland, im Juli 1651 den Geheimrat Mahrenholz im großen Saal der Wittmunder Burg hinrichten. Mahrenholz war der Vertraute der Mutter des Grafen. Es wurde ihm vorgeworfen, dass er das ihm entgegen gebrachte Vertrauen schnöde missbrauchte und zum Schaden des Landes regiert hätte. Als nun die Hinrichtung erfolgen sollte, erblickte Mahrenholz von seinem Platz aus die Krone eines Apfelbaums. Da beteuerte er: „So wahr dieser Baum von jetzt an blutrote Äpfel trägt, so wahr bin ich unschuldig." Mahrenholz starb. Der Baum aber trug im folgenden Herbst blutrote Äpfel. Enno Ludwig ließ ihn abschlagen, aber die Wurzeln trieben neue Schösslinge. Als diese zu Bäumen herangewachsen waren, trugen sie blutrote Früchte. So entstand die in Ostfriesland als Roter Mahrenholter oder einfach Mahrenholter bezeichnete Apfelsorte, die wahrscheinlich gleich dem Roten Eiserapfel ist.

Im 19. Jahrhundert erfreuten sich die Kinder an kunstvoll geschnittenen „Steekappels", die man auseinandernehmen und wieder zusammenstecken konnte. Früher schenkten Großeltern und andere Verwandte zum Geburtstag einen Apfel, in den ein Geldstück, gewöhnlich ein Silbertaler, gedrückt war. Die Schalen und die Kerne wurden zu allerhand Spielen und Scherzen und zum Liebesorakel benutzt. Wenn man mit Hilfe der Schale orakeln will, wirft man diese rückwärts über den Kopf. Der Buchstabe, den man aus der Form herausliest, welche die Schale auf dem Fußboden angenommen hat, ist der Anfangsbuchstabe des zukünftigen Bräutigams oder der zukünftigen Braut. Gern wurde auch der Apfelkern zum Liebesorakel verwendet. Dabei nahm man einen feuchten Kern zwischen Daumen und Zeigefinder und schnellte ihn fort. Während dieses Tuns sprach man (sofern es sich um eine Frau handelte): „Körl, Körl, Krüdigam, wor wohnt min Brüdigam? Na Osten, na Westen, spring na mine Allerbesten!" Die Richtung, in die der Apfelkern fliegt, gibt an, in welcher Gegend der oder die zukünftige Geliebte wohnt und von welcher Seite er oder sie kommen wird.

Die Meinung, dass Hexen Äpfel gebrauchen, um anderen Menschen, besonders Kindern, Schaden zuzufügen wie einst Schneewittchen, war damals auch in Ostfriesland verbreitet. Kinder wurden gewarnt, von bestimmten älteren Frauen Äpfel anzunehmen. Wenn sie es doch taten und daraufhin Bauchschmerzen bekamen, konnte nur die angebliche Hexe dem Kind helfen. Mal wurde dann das Handgelenk mit grüner Seife eingerieben und ein Stück Zwiebel hinter die Zähne gesteckt oder es wurde ein mit Buttermilch getränkter Lappen aufgelegt und schon waren die Schmerzen wieder verschwunden...

In Äpfeln, die von Hexen geschenkt waren, entwickeln sich Kröten. Wenn Kinder sich von einer verdächtigen Frau einen Apfel hatten schenken lassen, wurde ihnen gesagt: „Mörgen fro sitt der'n Pudde in. Dor kann'n an weten, dat't van'n Hex kummt". In ganz Ostfriesland waren mit vereinzelt im Gelände stehenden verwilderten Apfelbäumen abergläubische Vorstellungen verknüpft: 1847 stand ein Apfelbaum bei Strackholt, der „Biggenboom", an dem man allerlei Spukgestalten begegnen konnte. Vielleicht ließen sie es mit unheimlichen Rufen und einem Schlag auf den Rücken bewenden, aber bisweilen sollen sie noch Schlimmeres begangen haben. Der Biggenboom trug nie Früchte, denn der Boden, auf dem er stand, war

Gifft ok Appels sünner Hüske?

„Gibt es Äpfel ohne Kerngehäuse?" (das eine zieht das andere notwendigerweise nach sich)

verflucht. Darum hieß es: „Wahr di vör de Biggenboom! De Stee ist verföckt." Auch auf der Filsumer Gaste gab es um 1900 einen Apfelbaum, in dessen Nähe es nicht geheuer war und zu dieser Zeit gab es bei Bollingen (Saterland) den „Huddenjeboom", an dem von weit und breit die Hexen zum Tanz zusammenkamen.

Um Neujahr nahm man früher einen Strohwisch, lief mit diesem rückwärts zum Obstbaum und band ihn um diesen herum. Dabei wurde dem Baum Glück gewünscht, um ihn fruchtbar zu machen. Das dünne Stroh hat dabei nicht als solches, sondern weil es viel Körner getragen hat, Bedeutung. Und der Knoten, mit dem die Strohseile geschlossen werden, galt als Schutzmittel, gewissermaßen als Verschluss gegen Behexung und andere Schädigungen durch böse Naturmächte. Ein Strohwisch besteht aus einem Bündel Stroh, das an einer etwa 1 m hohen Latte oder einem Holzstock befestigt ist. Der Strohwisch wurde auf das Feld oder die Wiese gestellt, um dem Schäfer anzuzeigen, dass das Feld nicht beweidet werden durfte. Er wurde auch als Warnsymbol eingesetzt, zum Beispiel, um nicht begehbare Wege oder seuchenbefallene Häuser zu kennzeichnen.

In ganz Ostfriesland und im Jeverland meinte man, dass der Apfelbaum und die übrigen Obstbäume vor Behexung gesichert wären, wenn man sie am Weihnachtsmorgen, nachdem man vorher, seit dem Erwachen, kein Wort gesprochen hatte, schweigend mit einem Strohseil umwand. In einem Lengener Dorf pflegte ein Bauer den Kindern, die ihm am Neujahrstag unter Abschießen ihrer Knallpistolen Glück wünschten, ans Herz zu legen, dass sie zu seinen Obstbäumen gingen und diesen in gleicher Weise wie ihm selber Glück für das neue Jahr wünschten. Der Bauer besaß die besten Obstbäume im ganzen Ort...

De Appels sünd so wied, se sünd riep, de Kennels rappeln al in't Hüske.

Die ersten Früchte eines jungen Apfelbaumes durften nach einst in Ostfriesland weitverbreiteter Meinung nicht gestohlen werden, sonst trug der Baum nie wieder. Man sollte überhaupt die ersten Früchte eines Apfelbaumes nicht abpflücken, sonst gab er keine Früchte mehr.

Ratsam war es, einen Apfelbaum im Herbst nicht ganz leer zu pflücken, sonst leidete der künftige Ertrag. Es wurde gesagt, dass die Vögel auch etwas behalten müssten, da sie in der kalten Jahreszeit manchmal Nahrungssorgen hätten. Wenn Obstbäume auf die Nachgeburt eines Haustieres

„Die Äpfel sind so weit, sie sind reif, die Kerne rappeln schon im Kerngehäuse."

oder Kindes gepflanzt wurden, gediehen sie vorzüglich, wurden nicht krank und brachten wunderbare Früchte hervor. Wer Obstbäume, insbesondere Apfelbäume, am Sonntag beschnitt, gefährdete hingegen ihr Gedeihen. In Ostfriesland hing man früher die Nachgeburt eines Pferdes in einen Obstbaum oder grub sie in der Nähe der Stämme ein: diese brachten dann bessere Erträge. Von Jever bis nach Leer war einst die Meinung verbreitet, dass ein Obstbaum durch ´tüchtige´ Prügel zum reichlichen Tragen veranlasst würde. Das Einschlagen eines Nagels sollte denselben Dienst tun.

Gosen na Wiehnachten, Appels na Fasselabend un Wichter aver dartig hebben de Smak verloren.

Wenn ein Apfelbaum im Herbst blühte, bedeutete das den baldigen Tod eines Familienmitgliedes im Hause des Obstgartenbesitzers, dabei sollte der Hausherr am stärksten bedroht sein. (Auch 2016 trat dieses Phänomen der späten Blüte nach einem sehr trockenen Sommer häufiger auf, allerdings ohne dass damit verbundene Todesfälle bekannt wurden. Bei einem Wasserentzug nach Mitte Juli, wenn die Fruchtknospen für das nächste Jahr schon fertig ausgebildet sind, wird eine Saftruhe wie im Winter erzeugt. Regnet es dann wieder, blüht der Baum erneut, obwohl er bereits Äpfel angesetzt hat.) Auch die als Hexenbesen bezeichneten krankhaften Verschlingungen in den Obstbäumen sollte man nicht ausreißen. Wenn man es tat, starb ebenfalls in dem laufenden Jahr ein Mensch im Hause des Gartenbesitzers…

Mancherorts ließ man den Baum besprechen, um seine Äpfel vor Dieben zu schützen. Wer von einem solchen Baum die Früchte stehlen wollte, wurde gebannt, sobald er ihn berührte. Er konnte sich nicht mehr von der Stelle rühren und musste ausharren, bis der Diebesbanner ihn löste. Doch es gab ein Gegenmittel: man musste Rock und Weste ausziehen und auf den Boden legen. Dann musste man sich, indem man abwechselnd auf Weste und Rock trat und peinlich jede Berührung mit der Erde vermied, rückwärts dem Baum nähern, von dem man Äpfel stehlen wollte. Gegen einen solchen Dieb half kein Besprechen…

Der Tee aus Blättern des Augustapfelbaumes sollte gegen Gelenkrheumatismus helfen. Warzen konnte man vertreiben, indem man einen Apfel zerteilte, mit dem einen Stück die Warzen einrieb und es dann wegwarf. Wenn es verfault war, waren auch die Warzen vergangen. Gegen geschwollene Brüste empfahl man folgendes Mittel: Einige stark verfaulte Äpfel – „um so rötterger um so beter" -, drei

„Gänse nach Weihnachten, Äpfel nach Fastnacht und Mädchen über dreißig haben den Geschmack verloren."

Gerade Drosseln wie hier die Amsel nutzen Äpfel als Futterquelle im Winter.

frische Eidotter und ein gutes Stück Maibutter mussten miteinander vermengt und auf die Brüste gelegt werden. Auch bei Verbrennungen sollten faule Äpfel gute Dienste tun. Einen kranken Zahn bearbeitete man solange mit einem Holzsplitter eines Apfelbaumes, bis dieser blutig war. Dann brachte man ihn wieder zu dem Baum, von dem er ihn genommen hatte, fügte ihn sorgfältig in seine alte Stelle ein und band sie mit Flachsgarn fest. So wie der Splitter im Baum verging, vergingen auch die Schmerzen…

Ein altes Hausmittel bei Stammverletzungen von Apfelbäumen, z.B. bei Schäden durch Verbiss, hilft tatsächlich (wir haben es ausprobiert): Man mischt aus frischem Kuhdung, Lehm und Kalk einen sämigen Brei und trägt diesen auf die verwundete Stelle auf. Dann verbindet man die eingeriebene Stelle mit einem Stück Jute. Nach einem Jahr kann man den Verband wieder abnehmen und die Wunde wird verheilt sein.

Besünner Appel-Minsken

OSTFRIESISCHE POMOLOGEN, KUNSTGÄRTNER UND APFELZÜCHTER

Überall in Ostfriesland mangelte es um 1800 an guten Obstbäumen und ertragreichem Obstanbau. Dies veranlasste den Kunstgärtner (alte Bezeichnung für Landschaftsgärtner) **Heinrich Mätz**, in den 20er Jahren des 19. Jahrhunderts eine Obstbaumschule in Aurich anzulegen. Er vergrößerte seine Warfstelle, nördlich am Treckfahrtskanal an der Grenze nach Westerende gelegen, um mehrere zugekaufte Flurstücke und legte darauf die erste Ostfriesische Obstbaumschule an.

Zunächst bezog er die Edelreiser aus der Anlage des erfolgreichen Obstbaumzüchters Oberdiek und versuchte daraus für ostfriesische Böden geeignete Sorten auszulesen. Schon nach einigen Jahren konnte er mehrere hundert selbstgezogene Obstbäume wie z.B. Äpfel, Birnen, Pflaumen, Zwetschen, Aprikosen, Kirschen und Pfirsiche zum Kauf anbieten.

Um den Absatzbereich möglichst auf ganz Ostfriesland auszudehnen, schloss er mit dem Landschaftsrat Neupert vom Gut Katharinenfeld, Vorsitzender des landwirtschaftlichen Provinzialsvereins, ein Abkommen über die Einrichtung einer „Muster-Obstbaumschule des Provinzialsvereins zu Rahe" ab. Mätz hatte den Grund und Boden zu stellen und alle Arbeiten zu leisten. Die Edelreiser lieferte der Verein. Von jeder Sorte musste er 2 Probebäume heranziehen. Jedes Vereinsmitglied konnte von diesen veredelten Bäumen bis zu einhundert Edelreiser unentgeltlich bekommen, somit war eine Verteilung über ganz Ostfriesland gewährleistet. Das erste gedruckte Sortenverzeichnis der Obstbaumschule zu Rahe führte 223 Äpfel, 116 Birnen, 34 Süßkirschen, 12 Sauerkirschen, 48 Pflaumen und Zwetschen, dazu 33 Edelreiser von aus ostfriesischen Gärten veredelten Äpfel- und Birnensorten auf. Tragende Bäume konnten bevorzugt an Mitglieder und im Übrigen auch an Nichtmitglieder frei verkauft werden. Später war der Vereinsbedarf gesättigt und Mätz konnte größere Mengen auf dem freien Markt anbieten. Mit zunehmenden Alter verkleinerte Mätz seine Anlage um die Hälfte, schließlich wurde sie nach seinem Tode ganz geschlossen. Der Rahester Bürger Heinrich Mätz hat sein Lebenswerk erfolgreich beendet, manche Gärtner folg-

Jan ten Doornkaat Koolman

ten seinem Beispiel und gliederten ihren Betrieben ebenfalls Baumschulen an. Bei den Bauernhöfen und Landhäusern entstanden so im 19. und 20. Jahrhundert die zum Teil großen Obstgärten. Durch Selbstvermarktung konnte der Obstbedarf in Ostfriesland zum größten Teil gedeckt werden.

Jan ten Doornkaat Koolman (1815-1889) war der Sohn von Jan ten Doornkaat Koolman senior, dem Gründer des Unternehmens Doornkaat. Bis zu seinem 16. Lebensjahr besuchte er in Norden die lateinische Schule und trat dann bei einem dortigen Buchbinder in die Lehre.

Nach beendigter Lehrzeit übernahm er im Alter von 20 Jahren das väterliche Brennereigeschäft, welches er 1846 gemeinsam mit seinem Bruder Fiepko ten Doornkaat Koolman leitete und seitdem unter dem Firmennamen *Jan ten Doornkaat Koolman Söhne* weiterführte. Zwischen 1857 und 1867 war er Mitglied des Preußischen Abgeordnetenhauses und von 1869 bis 1871 des Norddeutschen Reichstags. Von 1877 bis zu seiner Mandatsniederlegung im August 1879 vertrat er den Deutschen Reichstag für die Nationalliberale Partei und den Wahlkreis Provinz Hannover 1 (Emden, Leer, Norden).

Jan ten Doornkaat Koolman hatte als Kaufmann und Politiker eine ausgeprägte Leidenschaft für die Naturwissenschaft. Bereits früh interessierte er sich für Pflanzen und legte als Praktiker Gewächshäuser an, in denen er selbst exotische Blumen und Wein zog. Insbesondere galt sein Interesse der Obstzucht, über deren Möglichkeiten unter den erschwerten ostfriesischen Bedingungen mit den salzigen Seewinden er seine Landsleute aufklären wollte. Als Ausschussmitglied des Deutschen Pomologenvereins unternahm er darüber hinaus zahlreiche Reisen.

1870 veröffentlichte er ein Buch über die Probleme der Apfelzucht in „einer der exponiertesten Gegenden Norddeutschlands", die „Pomologischen Notizen", in denen Lokalsorten wie Keeske, Leekerbeetje, Caneelappel, Mahrenholter u.a. beschrieben werden.

1864 legte er in Nadörst bei Norden einen 3 ha großen pomologischen Garten an, in

Larve eines Apfelwicklers (*Cydia pomonella*)

In de mooiste Appels sitten faken de Wurms.

„In den schönsten Äpfeln sitzen oft die Würmer." (der Schein trügt)

den er viel Geld investierte: „Die erste Abtheilung des Gartens ist nach Norden und Westen mit einer hölzernen Spalierwand zu 20 Fuß Höhe und reichlich 800 Fuß Länge umgeben, welche Wand an beiden Seiten mit etwa 20 Obstbäumen besetzt ist. In dieser Abtheilung stehen ferner etwa 350 große Obstbäume und plusminus 3.000 Stück Solitair-Bäume und Ziersträucher. Die zweite Abtheilung des Gartens ist mit einer Kreuz-Spalier-Wand zu 8 Fuß Höhe und 600 Fuß Länge versehen, an welcher reichlich 150 Spalier-Obstbäume stehen. Die Abtheilung enthält außerdem die große Baumschule und etwa 250 Obst-Standbäume. Die dritte Abtheilung zu reichlich 1/3 des Ganzen enthält plusminus 100 Standbäume und wird übrigens bis jetzt noch zum Gemüsebau benutzt. An Obstbäumen sind etwa 600 lauter werthvolle Sorten vorhanden". Einmal im Jahr zog es die Norder des Nachts in den Pomologischen Garten. Dort entfaltete die Königin der Nacht, auch „Mondkaktus"

Der alte Obstgarten ten Doornkaat Koolmans bei Norden wurde im Volksmund als „Pomologie" bezeichnet.
(Ausschnitt aus der Preußischen Landesaufnahme um 1900)

genannt, kurz vor Mitternacht ihre strahlend weißen Blüten. Ein intensiver Duft erfüllte das Gewächshaus in jenen heißen Sommernächten, wenn die Schöne der Nacht Hof hielt.

Nach seinem Tode erwarb der Gärtner **Claudius Peeken** das Anwesen. Peeken verdiente seinen Unterhalt mit dem Verkauf von Solitärbäumen aus seiner Baumschule wie auch von dem Verkauf von Früchten. Peekens Großnichte erinnerte sich noch gerne an diesen besonderen Garten, in dem sie als Kind auf gar keinen Fall einfach einen Apfel pflücken durfte. Das durfte nur Onkel Claudius persönlich! Besonders prächtige Früchte umwickelte er mit Manschetten, um Druckstellen vorzubeugen. Nach Peekens Tod bestand leider kein Interesse an der Fortführung des Obstbetriebes und so wurde der Pomologische Garten nach und nach in einen Englischen Landschaftsgarten umgewandelt. Der Ort der ehemaligen Sortensammlung südlich der Stadt Norden ist noch heute auf der Landkarte als „Pomologie" verzeichnet, allerdings ist der letzte von ten Doornkaat Koolmann gepflanzte Obstbaum schon vor Jahrzehnten umgestürzt. Der heutige Eigentümer hat jetzt wieder eine große Streuobstwiese mit über 50 Bäumen angelegt. Unmittelbar südlich befindet sich noch eine kleinere, aber schon ältere Streuobstwiese der Stadt Norden, die auch öffentlich zugänglich ist und beerntet werden darf.

Die Evenburg in Leer (damals in Besitz von Graf von Wedel) besaß eine große Schlossgärtnerei mit Orangerie, Tropenhaus, Obst- und Gemüsegarten und Baumschule. Der Obergärtner **Wilhelm Ohle** vermehrte hier zwischen 1863 und 1899 u.a. 123 Apfelsorten. Die Evenburger Baumschule entwickelte sich zu einer der besten in Deutschlands, was die Kultur, Vielseitigkeit, Zuverlässigkeit und die richtige Benennung von Obstsorten anbelangte. Sogar die Schloss-Gärtnerei Hannover Herrenhausen bestellte in Leer Obstbäume, wobei im Preisverzeichnis von 1889 die Apfelhochstämme mit 1 Mark ausgewiesen wurden. Tausende von Obstbäumen wurden bis weit über die Region hinaus verkauft und Ohle hielt zudem zahlreiche Obstbaukurse und gehörte u.a. dem hannoverschen Obstbauverein als Vorstandsmitglied an.

Auch sein Nachfolger, **Johannes Gerhard Schomerus** (1873-1947) war ein leidenschaftlicher Pomologe auf Schloß Evenburg, bevor er Landwirtschaftsrat in Hellerau bei Dresden wurde und sich zudem einen Namen als Vertreter des biologisch-dynamischen Gartenbaus machte. In seiner kleinen Schrift „Einträglicher Obstbau in Ostfriesland und der ganzen nordwestdeutschen Tiefebene" aus dem Jahre 1905 macht er viele Angaben zu Pflanzung, Pflege und Sortenauswahl von Obstbäumen, insbesondere aber wirbt er für den Obstanbau und Obstverzehr allgemein:

Es ist eine merkwürdige Tatsache, daß in vielen Haushaltungen die Ansicht herrscht, der Genuß des Obstes wäre ein Luxus, den man sich wohl dann leisten könne, wenn es einem so zuwächst, wofür man aber doch kein Geld ausgibt! Wohl gibt man vielleicht jährlich große Summen hin für Arzt und Apotheker – mit Recht, denn diese wollen und sollen auch leben – ohne daran zu denken, daß man viele Medikamente viel billiger in Form von Obst einkaufen und mit Wohlbehagen und Genuß verzehren kann. Wie viele Kinder würden weniger Mineralstoffe aus der Apotheke nötig haben, wenn sie sie in Form von Obst einnehmen würden. Durch fleißigen Obstgenuß kann man viele Krankheiten vorbeugen und Arzt und Apotheker vertreiben.

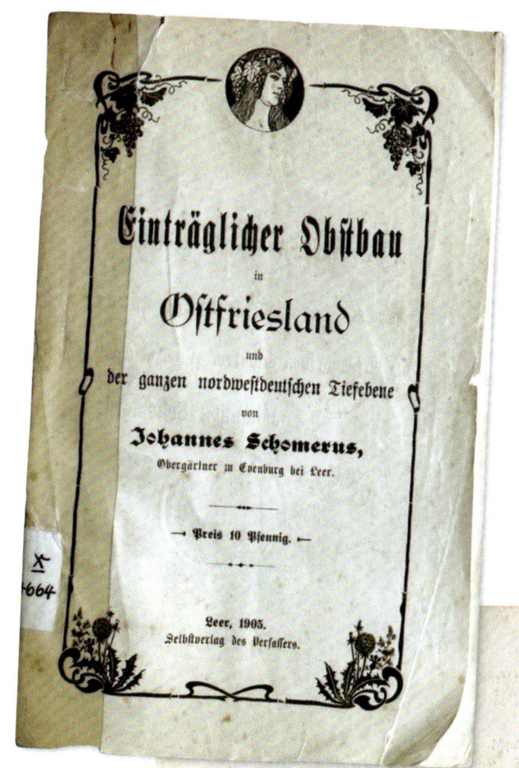
Einträglicher Obstbau

in

Ostfriesland

und

der ganzen nordwestdeutschen Tiefebene

von

Johannes Schomerus,

Obergärtner zu Evenburg bei Leer.

→ Preis 10 Pfennig. ←

Leer, 1905.

Selbstverlag des Verfassers.

Es ist eine merkwürdige Tatsache, daß in vielen Haushaltungen die Ansicht herrscht, der Genuß des Obstes wäre ein Luxus, den man sich wohl dann leisten könne, wenn es einem so zuwächst, wofür man aber doch kein Geld ausgibt! Wohl gibt man vielleicht jährlich große Summen hin für Arzt und Apotheker — mit Recht, denn diese wollen und sollen auch leben — ohne daran zu denken, daß man viele Medikamente viel billiger in Form von Obst einkaufen und mit Wohlbehagen und Genuß verzehren kann. Wie viele Kinder würden weniger Mineralstoffe aus der Apotheke nötig haben, wenn sie sie in Form von Obst einnehmen würden. Durch fleißigen Obstgenuß kann man viele Krankheiten vorbeugen und Arzt und Apotheker vertreiben.

Die Nährsalze im Obst gehen direkt in das Blut und tragen so am schnellsten zur Kräftigung und Gesundung eines mineralarmen Menschen bei. Durch den Genuß einer normalen Butterbirne führen wir dem Blut von den in dem Safte der Birne gelösten Mineralstoffen zu: ca. 55 Proz. Kali, 8 Proz. Kalk, 15 Proz. Phosphorsäure, 6 Proz. Schwefel, 2 Proz. Kieselsäure. In der Gesamtaschenmenge der Aepfel sind enthalten: ca. 35 Proz. Kali, 26 Proz. Natron, 4 Proz. Kalk, 13,5 Proz. Phosphor. Wie viel Eisen schluckt vielleicht mit Unbehagen besonders die junge blutarme Damenwelt, das sie sich aus der Apotheke holt, ohne zu wissen, daß sie es haben kann in der Erdbeere mit 6 Proz., Stachelbeere mit 5 Proz., Pflaume mit 3 Proz. der darin gelösten Mineralstoffe. Dazu kommt noch der Gehalt an Fruchtzucker, dessen Nährwert wohl allgemein anerkannt wird.

So kommt es auch, daß man vielfach bestrebt ist, fördernd auf die Verbreitung des Obstbaues einzuwirken. Privatpersonen, Vereine, Behörden, ja die Regierungen selbst stellen sich in den Dienst dieser Sache und suchen mit vielem Eifer sie zu fördern. Gewiß wird dies nicht ohne Grund geschehen! Es gibt in Deutschland viele Gegenden, die sehr viel und intensiv Obstkultur betreiben, dennoch haben wir in

Johannes Müller wurde am 22. Juli 1861 als Pastorensohn in Wiegboldsbur geboren, und „hat aus seiner Heimat und seinem Vaterhaus das echt deutsche Wesen und das stille, ruhige Gottvertrauen auch in den schwersten Stunden, sowie den ausgeprägten Familiensinn mitgebracht", schrieb Otto Schindler 1920. Müller war ein Schüler Rudolf Goethes in der Königlichen Lehranstalt für Obst-, Wein- und Gartenbau in Geisenheim am Rhein und lehrte anschließend selbst in der damals berühmten Ackerbauschule in Badersleben im Harzvorland. Diese Schule in einem ehemaligen Kloster erlangte einen exzellenten Ruf und zog unzählige Wissbegierige aus aller Herren Ländern an. Mit erst dreißig Jahren wurde er schließlich Vorsteher des Provinzial-Obstgartens zu Diemitz bei Halle an der Saale. Hier war er bis zu seinem Tod 1920 tätig, zuletzt als Universitätsprofessor für Obst- u. Gartenbau in Halle und als Schriftsteller von Fachbüchern. Die Anlage und Gestaltung des Obstgartens in Diemitz war sein Lebenswerk, das ihm den Namenszusatz Müller-Diemitz einbrachte. „Wer ihn in Versammlungen, sei es als Vortragenden, oder als Redner in der Aussprache gehört hat, wird die Eigenart seines Vortrages, insbesondere das praktische Denken, den bestimmenden Ausdruck und die packende, frische Sprache geschätzt haben". Als Obstbau-Lehrer hat er zu seiner Zeit tausende Landwirte ausgebildet und unzählige Obstanlagen geplant und betreut.

Johannes Müller

* 22. Juli. 1862 - † 1. Aug. 1920

Sein größtes Vermächtnis ist jedoch die Obstsortenbeschreibung in der Zeitschrift „Deutschlands Obstsorten", dessen Herausgeber Johannes Müller war. Mit Hilfe von anderen Pomologen und Künstlern wurden 39 Hefte herausgegeben, die fantastische Zeichnungen von 156 Obstsorten enthalten. Sein Leitgedanke war von Anfang an, dass das Werk in erster Linie der praktischen Sortenkenntnis und damit dem praktischen Obstbau dienen müsse. Dem Obstzüchter wollte er sagen: „So steht es mit dieser Obstsorte. Dieses sind die guten, jenes die schlechten Eigenschaften. Unter diesen Verhältnissen und zu dieser Verwendung ist sie gut, unter anderen Voraussetzungen nicht. Nun überlege selbst, ob sie für Dich brauchbar ist."

Over Mannlüü un rötterg Appels gifft kien Recht over.

„Über Männer und faule Äpfel gibt es kein Recht über." (daran kann man nichts mehr halten oder abwenden)

Appels proppen un planten

VOM APFELKERN ZUR SORTENERHALTUNG

Grüne Florfliege (Chrysoperla carnea)

Weltweit soll es mehrere Tausend verschiedene Apfelsorten geben, in Deutschland sollen es allein um die 1.500 Sorten sein. Einen Überblick hat da keiner mehr und immer wieder stellen Pomologen fest, dass sich hinter verschiedenen Namen ein und dieselbe Sorte verbirgt. Aber es werden auch immer wieder neue Sorten gefunden, die offensichtlich noch nicht beschrieben worden sind. Und vermutlich sind schon viele Sorten wieder verschwunden, weil sie nicht vermehrt worden sind.

Im Wesen des Apfels steckt eine ungeheure Vielzahl an unterschiedlichsten Erscheinungsmöglichkeiten. Diese äußern sich u.a. in Form, Farbe, Größe, Haltbarkeit und natürlich im Geschmack der Früchte. So ist zum Beispiel das Fruchtaroma das Ergebnis des Zusammenspiels von mehreren hundert Stoffen. Bei der generativen Vermehrung, also beim Aussäen von Apfelkernen, entstehen unzählige neue Möglichkeiten. Was aus den Erbanlagen von Mutterlinie und Vaterlinie zusammenkommt, führt zu einer völlig neuen, zufälligen Neukombination der Erbsubstanz. Inwiefern Einflüsse aus dem nahen und fernen Umkreis der Pflanze in diesen Prozess ordnend hereinwirken können, ist noch weitgehend unerforscht. Jeder ausgesäte Apfelkern birgt in sich neue Möglichkeiten, etwa dass Eigenschaften dominant werden, die in den Elternsorten wohl schon vorhanden waren, aber nicht zur Ausgestaltung kamen.

Wenn wir mehrere Tausend Apfelkerne aussäen, konkretisiert sich aus dem Wesen des Apfelbaumes eine ebensolche Zahl an Erscheinungsmöglichkeiten. Die Arbeit des Züchters besteht nun darin, unter dieser Vielzahl das Individuum zu finden, das seinen Vorstellungen entspricht.

Muultreckers sünd Appels, de de Gaten in den Strümpen totrecken, noch völl to grosig sünd un geen Gör of Klör hebben.

„Mundzusammenzieher sind Äpfel, die einem die Löcher in den Strümpfen zuziehen, noch viel zu unreif sind und noch keinen Geruch und keine Farbe haben."

Apfelsorten züchten bedeutet daher, die Stecknadel im Heuhaufen zu suchen. Und so entstammen viele Apfelsorten sogenannten Zufallssämlingen, deren Früchte gute Eigenschaften aufweisen, welches jedoch bei den allermeisten Sämlingen nicht der Fall ist. So ist es unmöglich, eine Sorte durch das Pflanzen eines Apfelkernes zu erhalten.

Das Umveredeln ermöglicht das Wachsen einer anderen oder auch mehrerer Sorten an älteren Bäumen.

Das gleiche Genmaterial erhält man ausschließlich aus dem Baum der einen Sorte durch Veredelung, d.h. indem man Zweige („Reiser bzw. Edelreiser") oder Knospen des Baumes auf einen anderen Baum überträgt (vegetative Vermehrung). Jede Sorte ist also das Ergebnis eines einmaligen Zufalls und alle anderen Bäume dieser Sorte stammen von diesem einen Baum ab. Allerdings ist die Wuchsform des Baumes entscheidend von der sogenannten Unterlage (Stamm mit Wurzel), auf der veredelt wird, abhängig. Wird das Reis auf einen Sämling veredelt, wird dies ein sehr wüchsiger, großer Baum werden (Hochstamm). Verwendet man hingegen eine weniger wüchsige oder sogar nur schwachwüchsige Unterlage, wird die gleiche Apfelsorte zu einem kleineren Baum (Halbstamm) oder gar nur einer kleinen Spindel, wie sie in den Obstplantagen zu tausenden gepflanzt werden. Kleine Bäume auf schwachwüchsigen Unterlagen bleiben ihr Leben lang klein und werden auch nicht so alt.

Dafür tragen sie schneller und oft größere Früchte, während Hochstämme mächtige, alte Bäume werden können. Die Veredelungsunterlage beeinflusst so auch Größe und Aussehen der Früchte, auch wenn es dieselbe Sorte ist.

Einfluss auf den Baumwuchs und den Ertrag haben sowohl der Standort mit seinen Licht- und Wetterverhältnissen als auch der Boden mit der jeweiligen Nährstoff- und Wasserversorgung. Nicht jede Sorte wächst auf einem

Angewachsene Veredelung durch Kopulation (oben Reis, unten Unterlage)

Standort gleich gut, von daher spielt die Sortenauswahl bei jeder Pflanzung eine große Rolle. Letztlich muss ein Baum auch richtig gepflanzt und versorgt bzw. gepflegt werden, damit er gut wächst und viele schöne Früchte trägt. Johannes Schomerus, seinerzeit Obergärtner der Evenburg in Leer, schrieb 1905 einige, nicht unwesentliche Aspekte, die er uns mit auf den Weg gegeben hat:

„Die Krone der Schöpfung, der Mensch, muss auch hierbei stets selbst das Richtige zu finden sich bemühen. Die Zeit des Rezepteschreibens ist vorüber! Sieh´ die Natur an, o Mensch! und lerne von ihr. Verstehst Du ihre Sprache? Hunderte von (denkenden) Menschen verstehen sie nicht. Man merkt`s, wenn man sieht, wie tausende von Obstbäumen gepflanzt werden! Für alle diejenigen, die nicht nachlassen, ihre Bäume beim Pflanzen zugleich lebendig zu begraben, die glauben, ein Obstbaum könne in einer Mistgrube, in einem Wasserloch, in einem Boden ohne Nährstoffe, ohne Luft gedeihen, die nicht einmal so viel Verstand gebrauchen, zu wissen, dass auf einem Boden, auf dem Obstbäume alt und abgängig geworden, nicht wiederum Obstbäume gedeihen können.

Alle Mißerfolge im Obstbau, sie mögen heißen wie sie wollen: Krankheit, Unfruchtbarkeit, Ungeziefer, Parasiten usw., sie haben einzig und allein ihren Ursprung in einem Säfteverderbnis unserer Obstbäume und alle Mittel zur Vorbeugung, Verhütung, Heilung usw. sind nebensächlich. Das einzige Heilmittel ist die Schaffung eines gesunden Bodens. Nur ein gesunder Boden liefert gesunde Pflanzensäfte, gesunde Kulturpflanzen. Nur ein gesunder Obstbaum liefert gesundes Obst von langer Haltbarkeit, gutem Aroma und großem Nährwert. Solche Bäume, die einen geeigneten Nährboden vorfinden, denen regelmäßig passende Düngergaben zugeführt werden, gedeihen bei solcher Pflege außerordentlich gut, sind kräftig, gesund, widerstandsfähig und imstande, im Kampf ums Dasein gegen Ungeziefer, Krankheit, Stürme usw. zu widerstehen und ihren Besitzern Freude zu machen. …

Anzucht von Apfelbäumen im Container in einer Obstbaumschule

Apfelblütenstecher (Anthonomus pomorum) - ein Käfer aus der Familie der Rüsselkäfer.

Ik hebb de Appels so in de Laa leggt,
dat elke Sort upsent is.
Denn sünd se later noch so druuf,
dat man d'r geen Dök indrüken kann.

Man wolle nicht vergessen, ein kerngesunder Organismus ist das beste und einzigste Mittel gegen alle Krankheiten und Schädlinge. Es ist viel wichtiger, seine Bäume vernünftig zu pflanzen, pflegen, düngen usw. als umgekehrt später an den halbtoten Pflanzen herumquacksalbern zu wollen. Da sich in Nordwestdeutschland, wie wir gesehen haben, nicht bedingungslos Obstbau betreiben läßt, so sind wir gezwungen, unser Augenmerk auch noch auf eine zweckmäßige Sortenwahl zu legen, da die Ansprüche der einzelnen Sorten sehr verschieden sind. Es ist schwer, eine sichere Sortenzusammenstellung zu machen, da es möglich sein kann, daß auch die beste Sorte aus irgendeinem Grunde an einer Stelle versagt. Wo dies eintritt, kann eine Umveredelung mit einer geeigneten Sorte dem Übel leicht abhelfen".

Zur Sortenerhaltung ist es daher unerlässlich, dass es noch mindestens einen vitalen Baum einer Sorte gibt, von dem sich durch junge Reiser neue Bäume veredeln lassen. Stirbt dieser eine Baum, so ist auch die Sorte verloren. Je mehr Sorten noch als Bäume vorhanden sind, umso besser lässt sich die Sorte auch erhalten. Im Ökowerk Emden wurde 2014 ein Pomarium mit ca. 700 verschiedenen Apfelsorten eingerichtet, ein gigantischer lebendiger Genpool. Ziel der Pomologen ist es, möglichst viele dieser Sorten wieder in die Gärten und Obstwiesen zu bringen. Aus diesem Grunde haben wir in diesem Buch auch die hiesigen, ostfriesischen Sorten überwiegend zum ersten Mal ausführlich beschrieben, verbunden mit der Hoffnung, dass sich möglichst viele Menschen dieser Sorten annehmen und sie in ihrer Heimat wieder anpflanzen.

Nach der Pflanzung der Bäume sollten die Sortennamen in einem Pflanzplan festgehalten werden.

„Ich habe die Äpfel so in Lagen gelegt, dass jede Sorte getrennt ist. Dann sind sie später noch so fest, dass man da keine Delle eindrücken kann."

Oostfreeske Appels

POMOLOGISCHE BESCHREIBUNG DER LOKALEN SORTEN

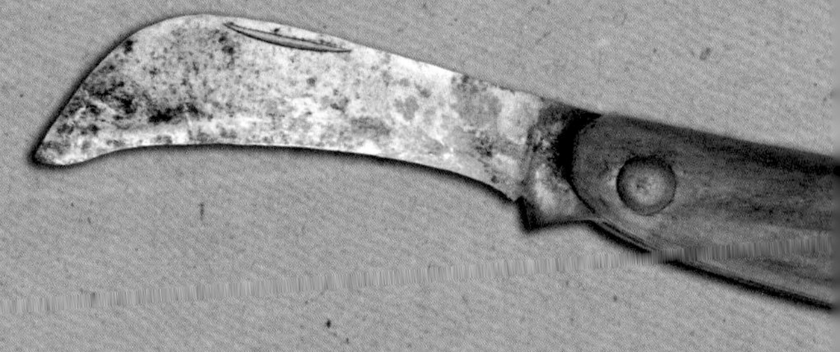

Uns Oostfresen sünd heel wat besünners!

ÄPFEL BESTIMMEN

Wir erheben keinen Anspruch auf Vollständigkeit der beschriebenen Sorten. Vielleicht vermissen Sie eine, die in ihrem Garten wächst, die schon Ihre Vorfahren kannten und in unserem Buch nicht vorkommt. Über solcherlei Hinweise wären wir sehr froh und dankbar. Bitte teilen Sie uns diese mit.
Auch Bestätigungen der beschriebenen Sorten, vorhandene oder ehemalige Standorte von Bäumen dieser Sorten interessieren uns.

An dieser Stelle muss der **Ostfriesische Striebling** erwähnt werden, der noch durch einige Sortenempfehlungslisten geistert. Leider gilt diese Sorte als verschollen; es existieren keine uns bekannten Bäume dieser Sorte mehr. Aber auch in diesem Fall lassen wir uns gerne eines Besseren belehren!
Diese oder sonstige Hinweise können Sie uns übermitteln an:

info@naturhof-buss.de
Tel. 0 49 29 - 91 59 05

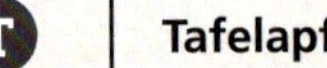

VERWENDUNG

T **Tafelapfel**
für Frischverzehr, ausgewogenes Zucker-Säure-Verhältnis, aromatisch

W **Wirtschaftsapfel**
für den Frischverzehr weniger geeignet, für die Verarbeitung z.B. zu Apfelmus, Saft, Kuchen, Gelee, zum Dörren sehr gut geeignet oder aufgrund der guten Lagerfähigkeit begehrt

S **Schaufrucht**
wunderschön in Form und Farbe, jedoch geringe innere Qualität, zum Dekorieren geeignet

K **Kinderapfel**
kleine ansprechende Früchte, die auch in kleine Kinderhände passen

FRUCHTMERKMALE

Zum Bestimmen einer Sorte sind Eigenschaften wie die Reifezeit und Lagerfähigkeit wichtig. Des Weiteren werden die Früchte anhand äußerer und innerer Merkmale bestimmt. Erschwerend für die Bestimmung sind Einflüsse wie Standort, Jahreswitterung, Fruchtbehang und Baumalter. Früchte ein und derselben Sorte können dadurch vor allem in Größe, Form und Farbe stark variieren.

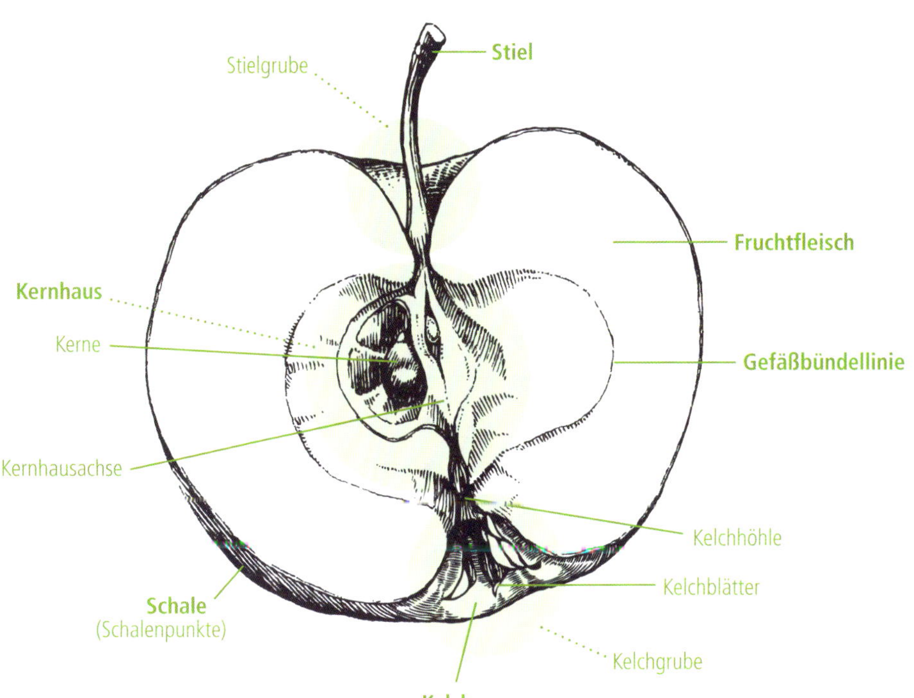

APFELFORMEN

rund	1
flachrund	2
plattrund	3
stielbauchig	4
glockenförmig	5
fassförmig	6
walzenförmig	7
hochgebaut	8

T

Verwendung

Bagbander Slientje

Herkunft
Die Sorte ist in Bagband, Hesel, Holtland und Neukamperfehn bekannt und beliebt.

	Aug.	Sept.	Okt.	Nov.	Dez.	Jan.	Feb.	März	April	Mai	Juni	Juli
Pflückreife		■	■									
Genußreife		■	■									

folgernd!

Größe und Form	mittelgroß, hochgebaut bis stielbauchig, z.T. schwach kantig
Schale	gelbe Grundfarbe, tiefrote Deckfarbe, stark bereift, leicht fettend, deutlicher Duft, druckempfindlich, bläulich bereift
Schalenpunkte	sehr deutlich, gelb
Stiel	braun, holzig, am Ende verdickt, abschließend | Stielgrube tief, eng
Kelch	Kelchgrube flach, weit, schüsselförmig | geschlossener bis halboffener Kelch Kelchblätter kurz, am Grund grün
Kernhaus	offen, klein | zahlreiche dunkelbraune Kerne
Gefäßbündellinie	undeutlich
Fruchtfleisch	gelbweiß, nicht anlaufend, saftig, aber schnell mehlig werdend, edelaromatisch süß

Baumeigenschaften	mittelstarker Wuchs, auch für Sandböden geeignet
Sichtungsbaum	**2** **10** **11** **15** *vgl. Seite 90*

T W

Verwendung

Bohlenapfel

Der Zufallssämling wurde von Landwirt Bohlen aus Nordedewecht um 1900 gefunden und in den 1920er Jahren auf den umliegenden Höfen verbreitet. Die Sorte wurde dann auch von Baumschulen, wie z.B. Hartmut Heinje, in das Sortiment aufgenommen.

Herkunft

Aug.	Sept.	Okt.	Nov.	Dez.	Jan.	Feb.	März	April	Mai	Juni	Juli

Pflückreife

Genußreife

Größe und Form	mittelgroß, hochgebaut, stielbauchig, *ungleichhälftig*, Kanten undeutlich
Schale	gelbe Grundfarbe, rote Deckfarbe, mit deutlichen kurzen roten Streifen, duftend, druckempfindlich
Schalenpunkte	helle auf der Deckfarbe, wenig kleine braune auf der Grundfarbe
Stiel	grün, abschließend | Stielgrube tief, eng, unberostet
Kelch	Kelchgrube sehr flach, höckerig | geschlossener Kelch | Kelchblätter kurz
Kernhaus	geschlossen | mittelbraune Kerne
Gefäßbündellinie	undeutlich, kelchnah, zwiebelförmig
Fruchtfleisch	weiß, anlaufend, süßsauer

Baumeigenschaften	starker kugeliger Wuchs, robust
Sichtungsbaum	1 *vgl. Seite 90*

T

Verwendung

Brons' Spende

Groothusen
Beachten Sie dazu auch „Drei Äpfel und Ihre Geschichte" ab Seite 92.

Herkunft

Aug.	Sept.	Okt.	Nov.	Dez.	Jan.	Feb.	März	April	Mai	Juni	Juli

Pflückreife
Genußreife

Größe und Form	mittelgroß, walzenförmig, ungleichhälftig mit breiten Kanten
Schale	hellgrüne bis gelbe Grundfarbe, Deckfarbe kräftig rosarot, feste Schale, selten netzartige Berostung, druckempfindlich
Schalenpunkte	wenige
Stiel	grün, zum Ende verjüngend, kurz bis mittellang | Stielgrube tief, eng, *unberostet* z.T. mit Fleischwulst
Kelch	Kelchgrube höckerig | geschlossener Kelch | Kelchblätter am Grunde grün
Kernhaus	geschlossen bis offen | dreieckige Kelchhöhle | dunkelbraune Kerne, prall
Gefäßbündellinie	kugelförmig
Fruchtfleisch	gelbweiß, weich, saftig, aromatisch mildsäuerlich
Baumeigenschaften	mittelstarker Wuchs, robust
Sichtungsbaum	**12** **13** *vgl. Seite 90*

T

Verwendung

Eiltis Wiensuurn

3

Der Ursprungsbaum stand im Garten des Bäckers Eilt Post in Werdum. Er bat darum, seine geliebten „Wiensuurn Appels" (Weinsaure Äpfel) durch Nachzucht zu erhalten. Der alte Baum ist mittlerweile einem Sturm zum Opfer gefallen. **Herkunft**

Aug.	Sept.	Okt.	Nov.	Dez.	Jan.	Feb.	März	April	Mai	Juni	Juli	
	■	■										**Pflückreife**
	■	■										**Genußreife**

Größe und Form klein, plattrund

Schale gelbe Grundfarbe, sonnenseits orangerote Deckfarbe, fettend, duftend

Schalenpunkte braun, hell umhöft, auf der Deckfarbe rot

Stiel grün, lang, am Ende verdickt | Stielgrube sehr eng, berostet

Kelch Kelchgrube sehr flach, schüsselförmig | *offener* Kelch | Kelchblätter sehr kurz

Kernhaus wenig geöffnet, klein | dunkelbraune Kerne

Gefäßbündellinie deutlich, grün, zwiebelförmig, kelchnah

Fruchtfleisch gelbweiß, wenig anlaufend, abknackend, edelaromatisch, süßsauer

Baumeigenschaften mittelstarker Wuchs, robust

Verwechsler Ostfriesischer Sommerapfel, Holländischer Käsappel

Sichtungsbaum 2 16 *vgl. Seite 90*

T

Verwendung

Friedericis Bananenapfel

4 2

Herkunft

Die Sorte wurde in Leezdorf gefunden und vom Pomologen Michael Theiss vermehrt.

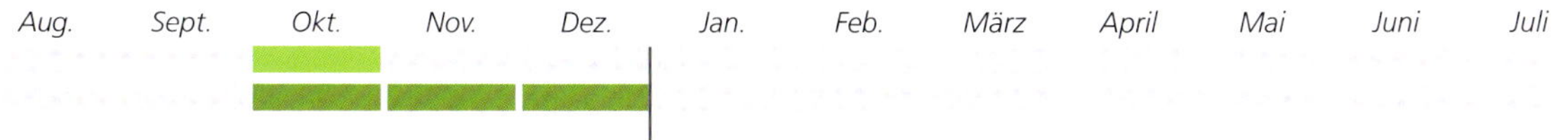

Pflückreife

Genußreife

Größe und Form mittelgroß, unregelmäßig, flachrund bis stielbauchig, z.T. schwachkantig

Schale hellgrün bis gelb, sonnenseits rosa behaucht, trocken, netzartig berostet, duftend, druckfest

Schalenpunkte wenig, klein, grün

Stiel lang, dick, fleischig | Stielgrube sehr tief, eng

Kelch Kelchgrube eng, tief | geschlossener Kelch | Kelchhöhle dreieckig

Kernhaus klein, geschlossen

Gefäßbündellinie zwiebelförmig

Fruchtfleisch grünweiß, anlaufend, fest, saftig, edelaromatisch süß, *Bananenaroma* schwere Früchte

Baumeigenschaften sehr gesund, mittelstarker Wuchs, feintriebig, auffallend längliche Blätter, gleichmäßige Krone, früh und reich tragend

Sichtungsbaum 2 10 *vgl. Seite 90*

T

Verwendung

Heinricis Friesenapfel

Die Sorte wurde um die Jahrhundertwende vom Hauptlehrer Heinrici aus Bad Zwischenahn in Ostfriesland verbreitet. Erwähnt in der Schrift: „Beschreibung und Verzeichnis empfehlenswerter Obstsorten für das Großherzogtum Oldenburg unter Berücksichtigung des Oldenburger Landes- und Butjadinger Bezirksobst-Sortiments als auch einiger besserer Lokalsorten" von Friedrich Haller 1911.

Herkunft

Aug. Sept. Okt. Nov. Dez. Jan. Feb. März April Mai Juni Juli

Pflückreife
Genußreife

Größe und Form	mittelgroß, gleichförmig, stielbauchig, kantig
Schale	gelbgrün, sonnenseits leicht verwaschen rotstreifig, trocken, duftend, druckfest
Schalenpunkte	zahlreich, klein, grün, erhaben und umhöft
Stiel	lang, dünn, grün, verholzt. Stielgrube flach, eng, sternförmig berostet
Kelch	Kelchgrube flach, becherförmig, höckerig | geschlossener Kelch Kelchblätter schmal, lang, grün
Kernhaus	halboffen, kelchwärts | Kernhauswände gerippt
Gefäßbündellinie	deutlich, eiförmig
Fruchtfleisch	gelbgrün, abknackend, süß | schwere Früchte

Baumeigenschaften	robust, für alle Lagen, wächst sparrig und langsam, reichtragend
Verwechsler	Finkenwerder Prinzenapfel
Sichtungsbaum	**9** **16** *vgl. Seite 90*

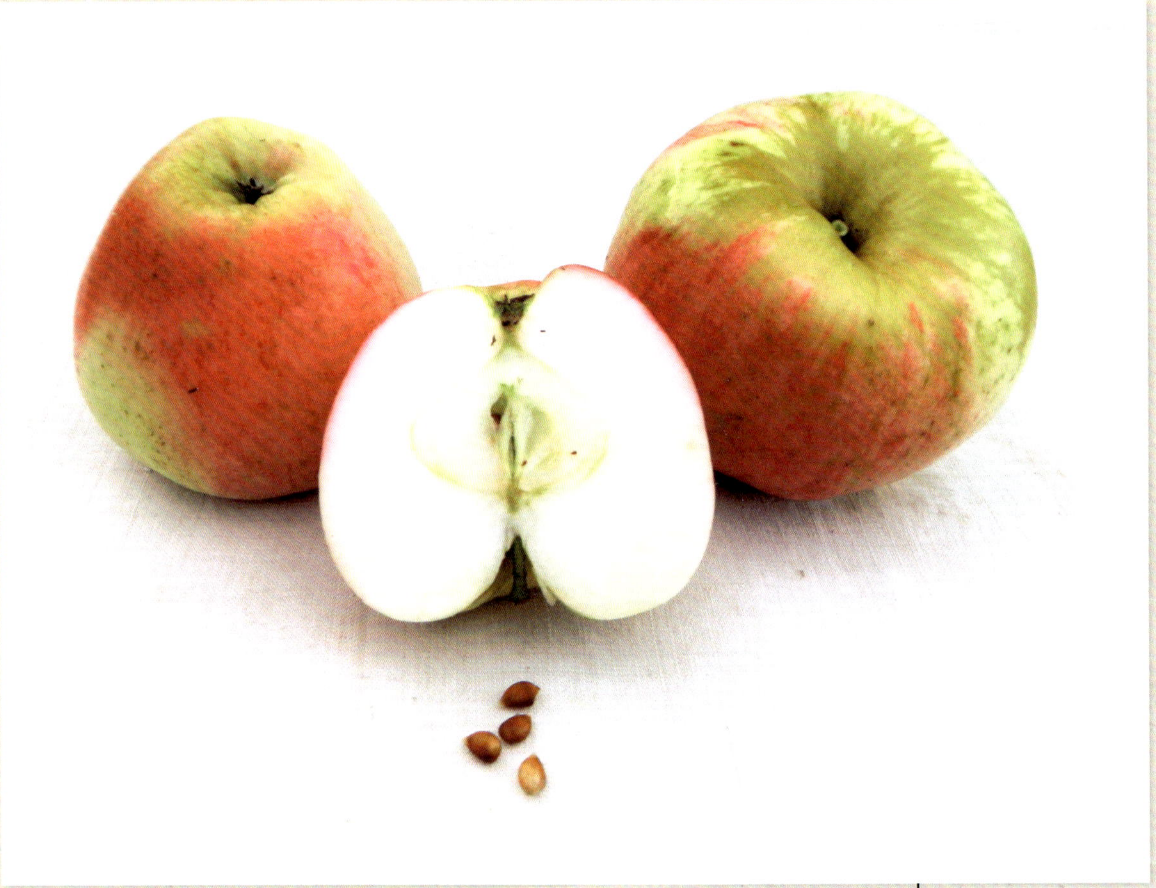

als Apfelmus!

W J

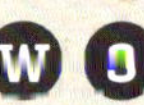

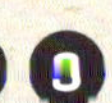

Verwendung

Himbeerapfel aus Backemoor

4

Herkunft

Die Sorte wurde ursprünglich von Dietmar Cordes aus Breinermoor gefunden und weiter verbreitet. Der Mutterbaum ist mittlerweile abgestorben. Backemoor gehört zur Gemeinde Rhauderfehn im Landkreis Leer.

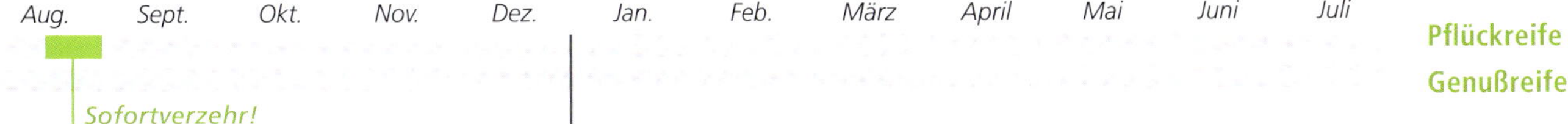

Pflückreife

Genußreife

Größe und Form	mittelgroß bis groß, unregelmäßig, stielbauchig, ungleichhälftig
Schale	weißgelbe, leuchtende Grundfarbe, zart gestreift und geflammt, schwach duftend, zäh, druckempfindlich
Schalenpunkte	hellgrün, eingesunken
Stiel	mittellang, dick, holzig grün, knopfig | Stielgrube weit, mitteltief mit strahlig auslaufendem Rost
Kelch	Kelchgrube eng, flach, höckerig, berostet | geschlossener bis halboffener Kelch | Kelchblätter klein, grün, spitz, zurückgeschlagen
Kernhaus	geschlossen, klein
Gefäßbündellinie	zwiebelförmig, kelchnah
Fruchtfleisch	weiß, abknackend, später schaumig, süßsäuerlich

Baumeigenschaften	Früchte nicht windfest
Verwechsler	Himbeerapfel aus Holowaus, Auralia
Sichtungsbaum	2 3 *vgl. Seite 90*

T K

Verwendung

Isermantje

Herkunft

Die Sorte war im Landkreis Leer vorkommend. Es besteht Unsicherheit, ob die hier beschriebene Sorte der richtige Isermantje ist oder ein Baum, in Tergast stehend, welcher ein später Winterapfel/Wirtschaftsapfel ist. Wer uns zu dieser Sorte mehr erzählen kann, ist hiermit herzlich aufgefordert, sich bei uns zu melden.

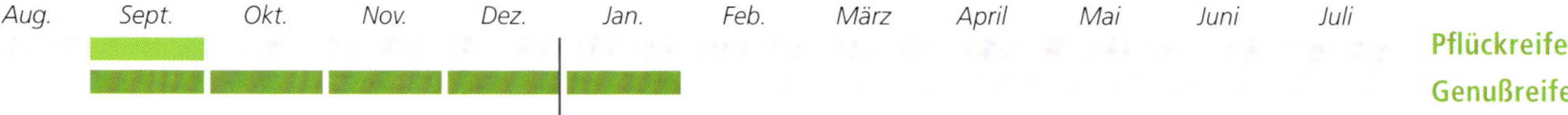

Größe und Form	klein, kugelig rund
Schale	kräftig rot, duftend
Schalenpunkte	klein, gelb, eingesunken
Stiel	lang, mitteldick | Stielgrube flach
Kelch	geschlossen
Kernhaus	offen
Gefäßbündellinie	zwiebelförmig
Fruchtfleisch	grünlichweiß, anlaufend, abknackend, saftig, süßsäuerlich aromatisch

Baumeigenschaften	mittelstarker Wuchs, lichte schöne Kronen bildend, sehr robust und gesund, krebsfrei, Früchte sind windanfällig, daher muss gepflückt werden, sobald die ersten Früchte fallen, jährlich und sehr reichtragend
Sichtungsbaum	2 *vgl. Seite 90*

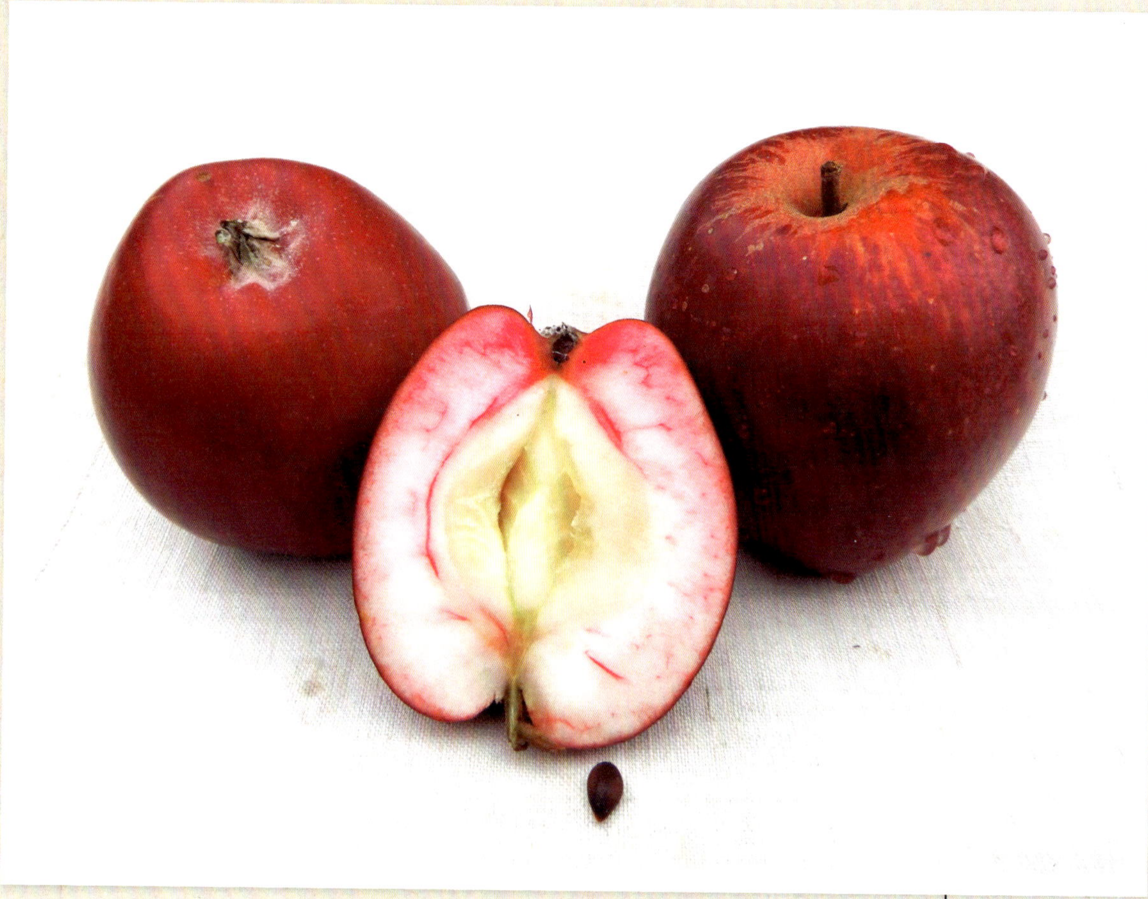

als Apfelmus oder zum Dörren!

Verwendung

Jepke

AUCH BEKANNT ALS:
Jipke, Roter Augustapfel, Roter Sommerparadies

7 8

Herkunft
Die Sorte ist in ganz Ostfriesland verbreitet.

Aug. Sept. Okt. Nov. Dez. Jan. Feb. März April Mai Juni Juli

Pflückreife
Genußreife

Sofortverzehr!

Größe und Form	mittelgroß, vereinzelt sehr groß, Seiten eben wie gedrechselt oder schwach kantig, walzenförmig bis hochgebaut
Schale	vollkommen von roter Deckfarbe überzogen, bläulich bereift, schwach duftend, zäh, druckempfindlich
Schalenpunkte	zahlreich, klein, gelb
Stiel	kurz, dick, holzig, abschließend | Stielgrube tief, eng | Berostung strahlig auslaufend
Kelch	Kelchgrube eng, becherförmig, höckerig | geschlossener Kelch | Kelchblätter schmal, lang, filzig, zurückgeschlagen, dunkelbraun
Kernhaus	geschlossen, kelchnah
Gefäßbündellinie	deutlich, eiförmig
Fruchtfleisch	gelbweiß, *rotgeädert*, wenig anlaufend, locker, mürbe, saftig, mild süßsauer mit wenig Aroma, wird schnell mehlig, leichter Duft
Baumeigenschaften	mittelstarker Wuchs, sehr robust
Sichtungsbaum	2 11 17 *vgl. Seite 90*

T

Verwendung

Jeverländer Augustapfel

Herkunft

Erwähnt wird die Sorte in „Beschreibung und Verzeichnis empfehlenswerter Obstsorten" von Friedrich Haller, 1911. Ein Baum soll auf dem Hof Schreibpult in Wilhelmshaven gestanden haben, welcher der Nachzucht durch die Wilhelmshavener Stadtgärtnerei diente. Diese Bäume wurden 1992 an der Burg Kniphausen gepflanzt. Für weitere Hinweise sind wir Autoren dankbar.

Aug. Sept. Okt. Nov. Dez. Jan. Feb. März April Mai Juni Juli

Pflückreife

Genußreife

Größe und Form	mittelgroß, rund bis flachrund, kelchwärts leicht gerippt, ungleichhälftig
Schale	goldgelbe Grundfarbe, vereinzelt schwach rötliche Streifen, leicht fettend, duftend, fest, druckempfindlich
Schalenpunkte	vereinzelt, sehr klein, braun, unregelmäßig
Stiel	kurz bis mittellang, grün verholzt | Stielgrube sehr eng, tief, *schorfartige Berostung* über die Stielgrube hinaus
Kelch	Kelchgrube eng, geschlossen | Blätter lang, grün, schmal
Kernhaus	offen, klein, zahlreiche dunkelbraune Kerne
Gefäßbündellinie	nierenförmig
Fruchtfleisch	gelbweiß, anlaufend, weich, süß, wenig Aroma
Baumeigenschaften	regelmäßiger Träger, für einen Frühapfel relativ lange Genussdauer
Sichtungsbaum	**2** **17** *vgl. Seite 90*

Verwendung

Jeverländer Gelber Osterapfel

Herkunft

Alte Bäume sind noch häufig im Jeverland und in den angrenzenden Kreisen Wittmund und Ammerland sowie in der Stadt Wilhelmshaven anzutreffen.

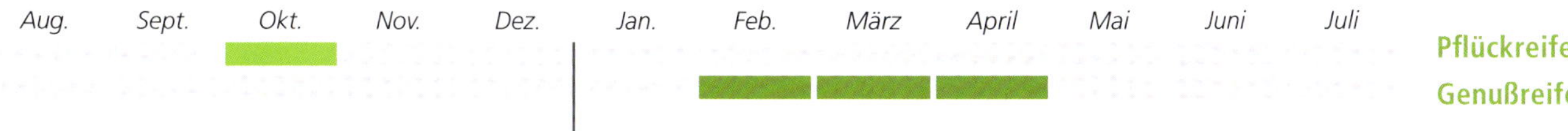

Pflückreife

Genußreife

Größe und Form	mittelgroß, stielbauchig, über die ganze Frucht verlaufen schwache Kanten
Schale	grüngelb, trocken, glatt, zäh
Schalenpunkte	deutlich, grün
Stiel	mittellang bis lang, verholzt | Stielgrube mitteltief, Berostung über die Stielgrube hinaus
Kelch	Kelchgrube flach, geschlossen | Blätter kurz
Kernhaus	wenig geöffnet | gut ausgebildete dunkelbraune Kerne
Gefäßbündellinie	herzförmig, grün
Fruchtfleisch	grünweiß, wenig anlaufend, saftig, säuerlich, neigt zur Glasigkeit

Baumeigenschaften	für schwere Böden, Früchte bleiben auf leichten Böden klein, mittelstarker Wuchs, sehr robust, windfeste Früchte
Sichtungsbaum	**16** *vgl. Seite 90*

Wurde früher in birnenlosen Jahren gerne gekocht zu Mehlpütt (Klütje) gegessen.

Ein Rezept dazu finden Sie auf Seite 110.

Verwendung

Jeversch' Söten

AUCH BEKANNT ALS:
Jeverländer Süßapfel

Die Sorte ist allgemein bekannt und alte Bäume sind besonders im Jeverland verbreitet. Es gibt einen seltenen zweiten Typ – breiter in der Form, nicht hochgebaut und ohne Bitterstoffe.

Herkunft

Pflückreife
Genußreife

Größe und Form	mittelgroß, ungleichmäßig, oft schief, rund bis stielbauchig
Schale	leuchtend, sonnenseits mit verwaschener oranger bis hellroter Backe, schwach duftend, zäh, druckempfindlich
Schalenpunkte	undeutlich, eingesenkt
Stiel	dünn, lang, verholzt | Stielgrube tief, eng, berostet
Kelch	Kelchgrube flach, eng, Wände perlig | Kelch halboffen | Kelchblätter kurz, breit, grün
Kernhaus	offen, bei Vollreife klappern die Kerne, rissige Wände
Gefäßbündellinie	undeutlich
Fruchtfleisch	weiß, anlaufend, mürbe, sehr süß, etwas bitterer Nachgeschmack

Baumeigenschaften	schwacher Wuchs, reichtragend
Sichtungsbaum	11 16 *vgl. Seite 90*

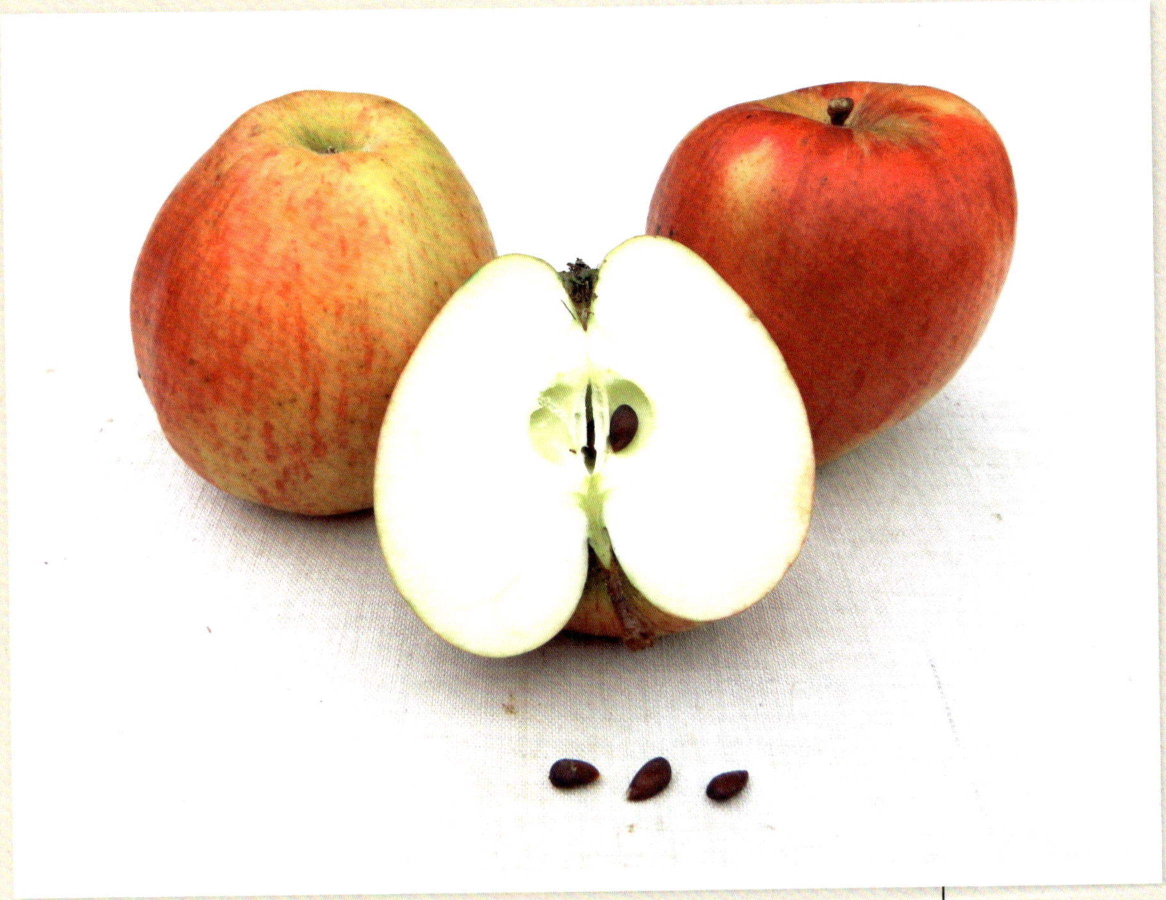

Sehr gut für Apfelmus ohne Zuckerzusatz!

T W

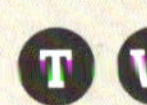

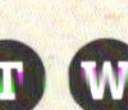

Verwendung

Langappel

Uralter Baum auf dem ehem. Hofgebäude der Familie Janssen in Südgeorgsfehn, welcher längliche Früchte trug und so zu seinem Namen kam. Aufgrund des guten Geschmacks hat Herr Janssen diese Sorte durch eigene Veredlungen erhalten und in der Familie weitergegeben. Der Mutterbaum existiert nicht mehr.

Herkunft

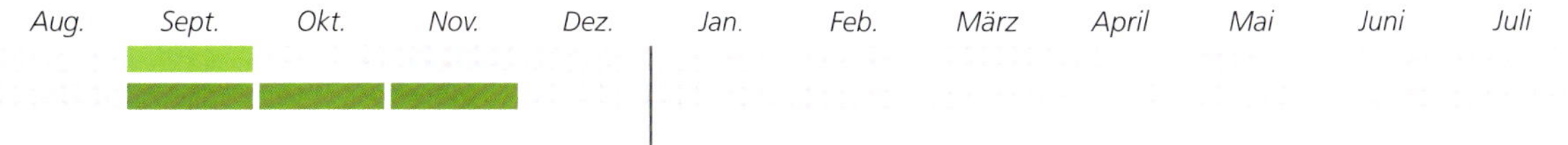

Pflückreife

Genußreife

Größe und Form	mittelgroß, stielbauchig, gleichhälftig
Schale	gelbe Grundfarbe, rot geflammte Deckfarbe | glatt, fest, mit zunehmender Reife sehr fettig
Schalenpunkte	undeutlich
Stiel	hellbraun, verholzt, abschließend | Stielgrube tief, eng
Kelch	Kelchgrube klein, eng, z.T. höckerig | Kelchblätter klein, grün
Kernhaus	halboffen, glatte Wände | schmale Kelchröhre | Kerne braun, eiförmig
Gefäßbündellinie	undeutlich
Fruchtfleisch	weißgelb, nicht anlaufend, mürbe, wenig saftig, ausgewogenes Zucker-Säure-Verhältnis

Baumeigenschaften	starkwüchsig, gesund, früher Ertragsbeginn
Sichtungsbaum	2 8 *vgl. Seite 90*

I S

Verwendung

Moie ut Anderwarfen

Herkunft

Namensgebung durch uns Autoren für diese in Werdum gefundene leuchtend rote Sorte. Der Mutterbaum, windschief aber stabil, trägt alljährlich viele schöne, kleine Früchte.

	Aug.	Sept.	Okt.	Nov.	Dez.	Jan.	Feb.	März	April	Mai	Juni	Juli
Pflückreife	■	■										
Genußreife	■	■										

Größe und Form	klein bis mittelgroß, ungleichmäßig, rund, hochgebaut bis stielbauchig
Schale	gelbe Grundfarbe, leuchtend rote Deckfarbe über die ganze Frucht, fest
Schalenpunkte	gelb
Stiel	kurz, abschließend | Stielgrube flach, eng, unberostet
Kelch	Kelchgrube flach, schüsselförmig | geschlossener Kelch Kelchblätter kurz, grün
Kernhaus	geschlossen | zahlreiche hellbraune Kerne
Gefäßbündellinie	breit zwiebelförmig, kelchnah, grün und teilweise rot
Fruchtfleisch	weiß, wenig anlaufend, wenig Aroma, leicht bitter

Baumeigenschaften	mittelstarker Wuchs, reich und regelmäßig tragend, robust
Sichtungsbaum	 2 16 *vgl. Seite 90*

T K

Verwendung

Ostfriesischer Herbstkalvill

AUCH BEKANNT ALS:
Dörroden
(was auf das gerötete Fruchtfleisch hinweist)

Herkunft
Die Sorte wurde schon Anfang des 20. Jahrhunderts von der Baumschule Hesse, Weener, empfohlen.

Aug.	Sept.	Okt.	Nov.	Dez.	Jan.	Feb.	März	April	Mai	Juni	Juli

Pflückreife
Genußreife

Größe und Form	klein, ungleichmäßig, stielbauchig, rund bis fassförmig, z.T. kantig, ungleichhälftig
Schale	gelbe Grundfarbe, tiefrote Deckfarbe, rote Streifen besonders um die Stielgrube, leicht fettend, duftend
Schalenpunkte	undeutlich, hell auf der Deckfarbe, eingesunken
Stiel	mittellang | Stielgrube berostet
Kelch	Kelchgrube, weit, schüsselförmig, höckerig | offener Kelch Kelchblätter kurz, am Grund grün
Kernhaus	offen | relativ große Kerne
Gefäßbündellinie	deutlich, zwiebelförmig, kelchnah
Fruchtfleisch	gelbweiß, z.T. rosa eingefärbt, saftig, abknackend, edelaromatisch, säuerlichsüß
Baumeigenschaften	schwacher Wuchs, früh und reichtragend, neigt zur Alternanz, Ausdünnen empfehlenswert
Sichtungsbaum	2 16 *vgl. Seite 90*

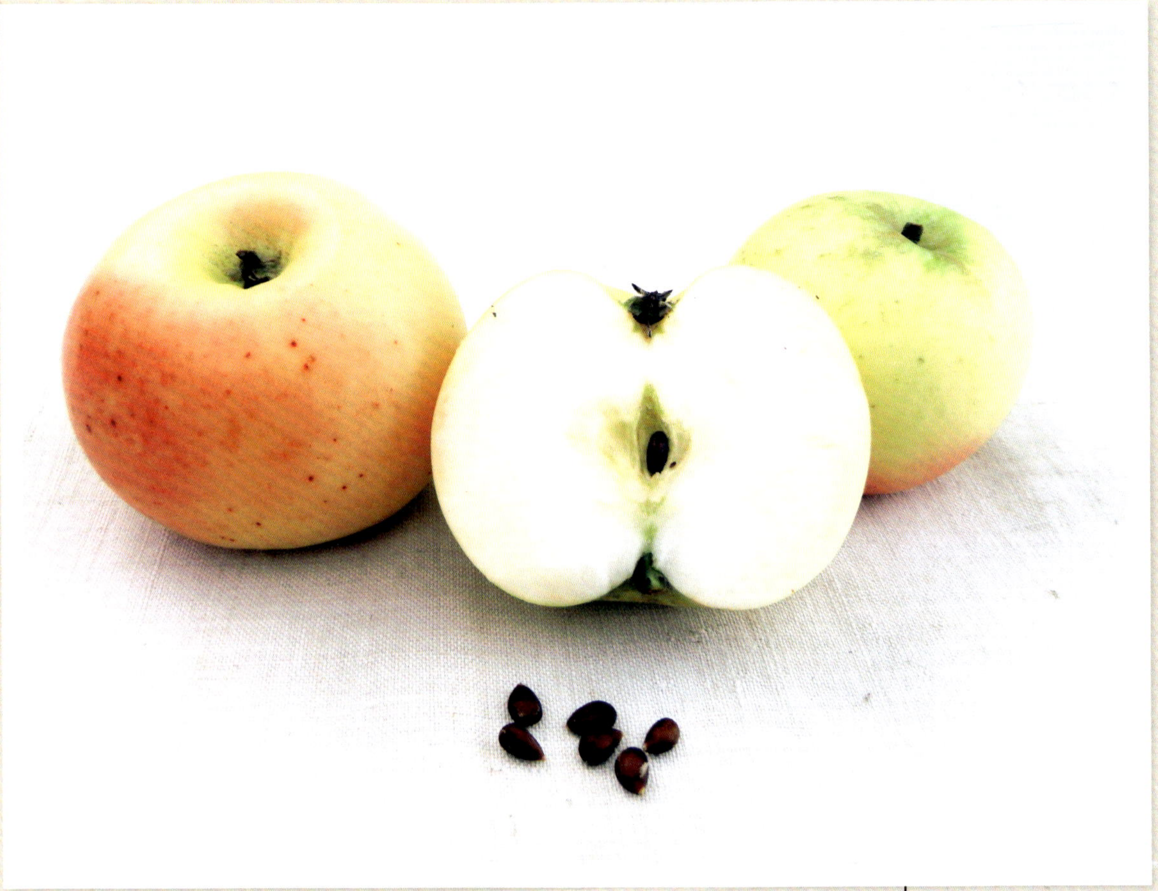

Hervorragend für Apfelmus!

T W K

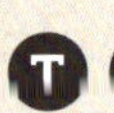

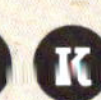

Verwendung

Ostfriesischer Sommerapfel

2

Herkunft

*Die Namensgebung der Sorte erfolgte durch uns Autoren.
Der alte Baum steht in Boekzetelerfehn / Moormerland im Landkreis Leer
und wurde schnell zum Lieblingsapfel der jetzigen Besitzer Freerks.*

Aug.	Sept.	Okt.	Nov.	Dez.	Jan.	Feb.	März	April	Mai	Juni	Juli

Pflückreife

Genußreife

Größe und Form	mittelgroß, gleichmäßig wie gedrechselt, flachrund
Schale	gelb, sonnenseits zartrosa Deckfarbe, duftend
Schalenpunkte	wenig, hellgrün, eingesunken
Stiel	kurz, dick, verholzt | Stielgrube flach, grün, Berostung strahlig auslaufend
Kelch	Kelchgrube weit, flach, gerippt | halboffener Kelch | Kelchblätter klein
Kernhaus	offen
Gefäßbündellinie	zwiebelförmig
Fruchtfleisch	weiß, anlaufend, knackig, saftig, feinzellig, süßsäuerlich

Baumeigenschaften	mittelstarker Wuchs, sehr gesund, lichte Krone, bevorzugt schwere Böden Früchte nicht windfest
Verwechsler	Weißer Holländischer Käsapfel (welcher jedoch später reift)
Sichtungsbaum	2  5 *vgl. Seite 90*

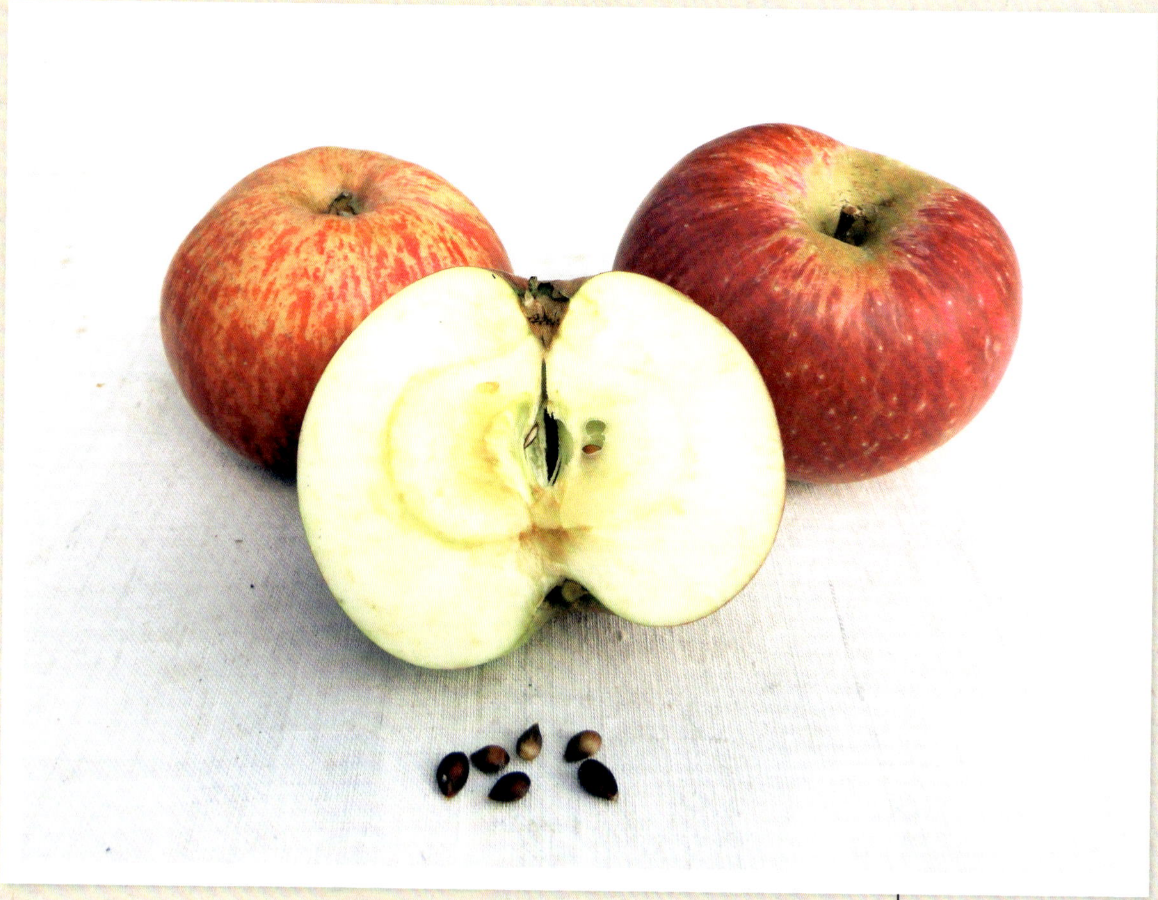

Einkochen als Birnenersatz!
für Liebhaber süsser Sorten!

T W S

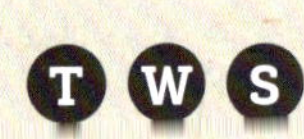

Verwendung

Plattsöten

Herkunft
Die Sorte war früher in ganz Ostfriesland verbreitet.

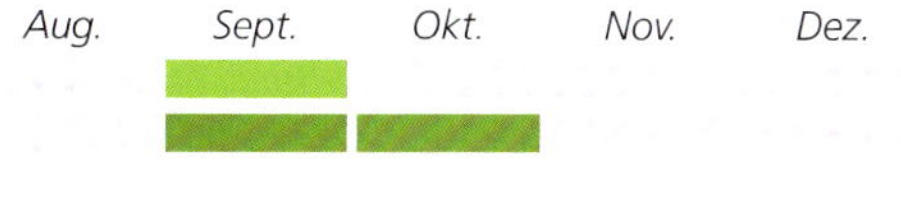

Pflückreife
Genußreife

Größe und Form	mittelgroß bis sehr groß, plattrund, ungleichhälftig
Schale	grüne Grundfarbe, Deckfarbe *stark* gestreift, geflammt zum Kelch hin auslaufend, duftend
Schalenpunkte	wenige, deutlich, gleichmäßig verteilt, hellgrün
Stiel	sehr kurz, braun, verholzt, z.T. fleischig | Stielgrube tief, eng, berostet
Kelch	Kelchgrube tief | offener Kelch, Kelchröhre häufig bis zum Kernhaus
Kernhaus	offen, glatte Wände | wenige hellbraune, runde Kerne
Gefäßbündellinie	deutlich , zwiebelförmig
Fruchtfleisch	weißgelb, nicht anlaufend, trocken, wenig aromatisch, mürbe, süß, *keine* Säure

Baumeigenschaften	starkwüchsig, sehr gesund, früher Ertragsbeginn
Sichtungsbaum	2 7 *vgl. Seite 90*

T W

Verwendung

Renette von Potshausen

Herkunft

Namensgebung durch den Pomologen Dietmar Cordes, welcher in den 90er Jahren in Potshausen einen Schnittkurs geleitet hat. Er empfahl Interessierten, Reiser dieser Sorte zur Vermehrung mitzunehmen. Herr Pietrowskis damalige Veredlung ist gut angewachsen und er hat für die Verbreitung dieser Sorte in der Umgebung gesorgt. Der Mutterbaum existiert nicht mehr.

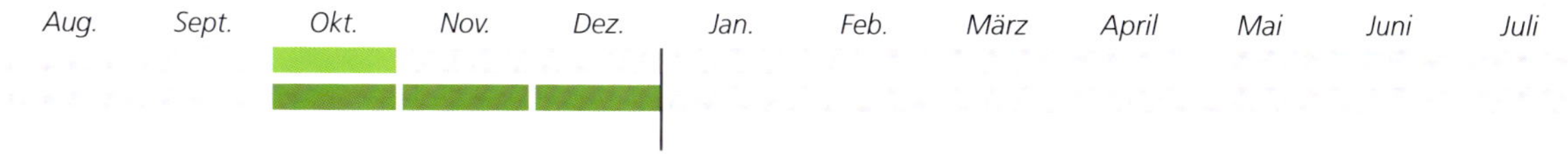

	Aug.	Sept.	Okt.	Nov.	Dez.	Jan.	Feb.	März	April	Mai	Juni	Juli
Pflückreife			■									
Genußreife			■	■	■							

Größe und Form	mittelgroß, rund, stielbauchig
Schale	gelbe Grundfarbe, rotverwaschene Deckfarbe, undeutliche Streifen, trocken, *rau*
Schalenpunkte	sehr deutlich, grün
Stiel	mittel bis sehr lang, braun verholzt, am Ende verdickt | Stielgrube uneben, weit, tief
Kelch	Kelchgrube flach | offener Kelch | Kelchblätter sehr kurz, am Grund grün
Kernhaus	halboffen, klein | große, breite Kerne
Gefäßbündellinie	grün, rund, kelchnah
Fruchtfleisch	weiß, nicht anlaufend, saftig, abknackend, edelaromatisch, süß

Baumeigenschaften	senkrechter Wuchs, auf schweren Böden Neigung zu Krebs
Verwechsler	Kassler Renette
Sichtungsbaum	**14** *vgl. Seite 90*

T

Verwendung

Rood Haasensnut

Die Sorte ist unter diesem Namen vereinzelt im Raum Dornum und Hage bekannt. Wir Autoren konnten diese Sorte durch Nachzucht von einem sehr alten, gesunden und überreich tragenden Baum an der Sielmühle Westerbur erhalten. Dieser Mutterbaum wurde 2013 gefällt. **Herkunft**

Aug.	Sept.	Okt.	Nov.	Dez.	Jan.	Feb.	März	April	Mai	Juni	Juli	
		■										**Pflückreife**
		■										**Genußreife**

Größe und Form klein bis mittelgroß, glockenförmig bis stielbauchig, schwach kantig, ungleichhälftig

Schale hellgelbe Grundfarbe, tiefrote Deckfarbe über die ganze Frucht, Schattenfrüchte auch mit roten Streifen, leichter Duft

Schalenpunkte wenig, braun

Stiel braun, holzig, kurz | Stielgrube flach bis sehr flach, nicht berostet

Kelch Kelchgrube flach, weit, schüsselförmig mit feinen Falten | offener Kelch trichterförmige Kelchhöhle mit schmaler Kelchröhre

Kernhaus geschlossen, klein | hellbraune Kerne

Gefäßbündellinie undeutlich

Fruchtfleisch weiß, süß mit bitterem Nachgeschmack, anfangs fest und abknackend, später mehlig werdend

Baumeigenschaften senkrechter Wuchs, reichtragend, sehr robust und gesund auch in Küstennähe

Verwechsler Nathusius' Taubenapfel

Sichtungsbaum 2  6  16 *vgl. Seite 90*

T W

Verwendung

Roter Herbstcousinot

Herkunft *Die Sorte ist in ganz Norddeutschland anzutreffen und auch in Ostfriesland verbreitet.*

Pflückreife

Genußreife

Größe und Form	klein, gleichmäßig, rund bis fassförmig
Schale	grüngelbe Grundfarbe, kräftig rote Deckfarbe, glatt
Schalenpunkte	deutlich umhöft, gelb
Stiel	lang, dünn, holzig | Stielgrube eng, berostet
Kelch	kleine flache Kelchgrube, oft mit aufsitzendem Kelch
Kernhaus	halboffen
Gefäßbündellinie	zwiebelförmig
Fruchtfleisch	grünweiß, mild säuerlich

Baumeigenschaften	schwachwüchsig bis mittelstarkwüchsig, jährlich und sehr reich tragend, sehr robust
Verwechsler	Purpurroter Cousinot (welcher jedoch erst ab November genussreif und bis Mai lagerfähig ist)
Sichtungsbaum	**2** **16** *vgl. Seite 90*

Verwendung

Roter Papenburger

Herkunft
Papenburg
Beachten Sie dazu auch „Drei Äpfel und Ihre Geschichte" ab Seite 92.

	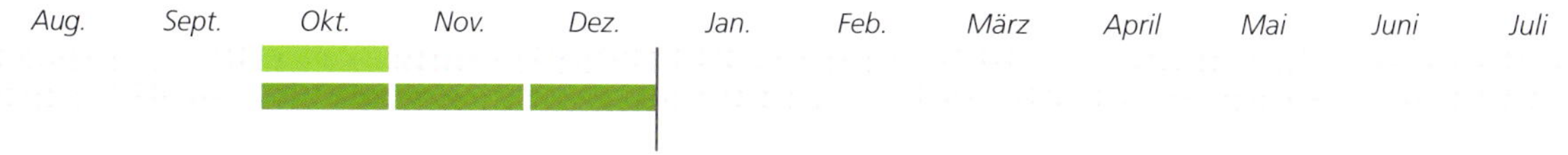 Aug.	Sept.	Okt.	Nov.	Dez.	Jan.	Feb.	März	April	Mai	Juni	Juli
Pflückreife			■									
Genußreife			■	■	■							

Größe und Form	mittelgroß bis groß, hochrund bis stielbauchig
Schale	gelbe Grundfarbe, sonneneits verwaschen bis flächig feuerrot gestreift | glatt, druckfest
Schalenpunkte	zahlreich, gelb
Stiel	kurz bis mittellang | Stielgrube mitteltief, mittelweit, berostet
Kelch	Kelchgrube flach, weit, mit Rippen | Kelch halboffen bis offen | Kelchblätter mittellang
Kernhaus	geschlossen | viele Kerne
Gefäßbündellinie	deutlich, zwiebelförmig, kelchseitig
Fruchtfleisch	gelbweiß, saftig, aromatisch säuerlich | schwere Früchte
Baumeigenschaften	mittelstarker Wuchs, anspruchslos
Sichtungsbaum	1 2 16 *vgl. Seite 90*

Verwendung

Schaapsnut

7

Herkunft

*Die Herkunft der Sorte ist unbekannt.
Bäume sind vereinzelt in Ostfriesland, insbesondere im Landkreis Leer anzutreffen.
Landläufig unter diesem Namen bekannt wegen der Ähnlichkeit mit einer Schafsschnauze.*

Größe und Form	groß, walzenförmig, sehr schief
Schale	gelbgrün, rotstreifig verwaschen, trocken, druckfest
Schalenpunkte	klein, dunkel, gelbgrün umhöft
Stiel	mittellang, holzig | Stielgrube flach, eng
Kelch	Kelchgrube flach, eng, gerippt | offener Kelch
Kernhaus	offen, Wände gerippt
Gefäßbündellinie	undeutlich
Fruchtfleisch	grünweiß, anlaufend, hart, sauersüß | schwere Früchte
Baumeigenschaften	starkwüchsig, jährlich überreich tragend, Fruchtmonilia möglich
Verwechsler	Finkenwerder Prinzenapfel (welcher jedoch früher reift)
Sichtungsbaum	2 4 *vgl. Seite 90*

T

Verwendung

6

Streifenapfel Kloster Ihlow

Herkunft

Von einem schon sehr alten Baum am Forsthaus an der Klosterstätte Ihlow hatte Ratsherr Hilmer Albers aus Westersander in den 60er Jahren Reiser zur Nachzucht geschnitten und diese an der Zuwegung seines Hauses aufgepflanzt. Herr Harm Saathoff hat diese wunderbare Sorte vor dem Vergessen bewahrt, indem er o.g. Bäume zur Weiterveredlung nutzte und diese Bäume in seinem Bekanntenkreis weitergab.

	Aug.	Sept.	Okt.	Nov.	Dez.	Jan.	Feb.	März	April	Mai	Juni	Juli
Pflückreife		■										
Genußreife		■	■	■								

Größe und Form mittelgroß bis groß, fassförmig, teilweise schief

Schale gelbe Grundfarbe, leuchtend rotgestreifte Deckfarbe, leicht fettend, schwach duftend

Schalenpunkte deutlich, klein, grünlich

Stiel grün, fleischig, Stiellänge variabel | Stielgrube tief, eng, berostet

Kelch Kelchgrube tief, gerippt | offener Kelch | Kelchblätter kurz, am Grund grün

Kernhaus wenig geöffnet | gut ausgebildete dunkelbraune Kerne

Gefäßbündellinie undeutlich

Fruchtfleisch gelbweiß, wenig anlaufend, mild, süßsauer, fest, wohlschmeckend

Baumeigenschaften mittelstarker Wuchs, gesund, sehr früh einsetzender Ertrag, reichtragend

Sichtungsbaum 2 15 *vgl. Seite 90*

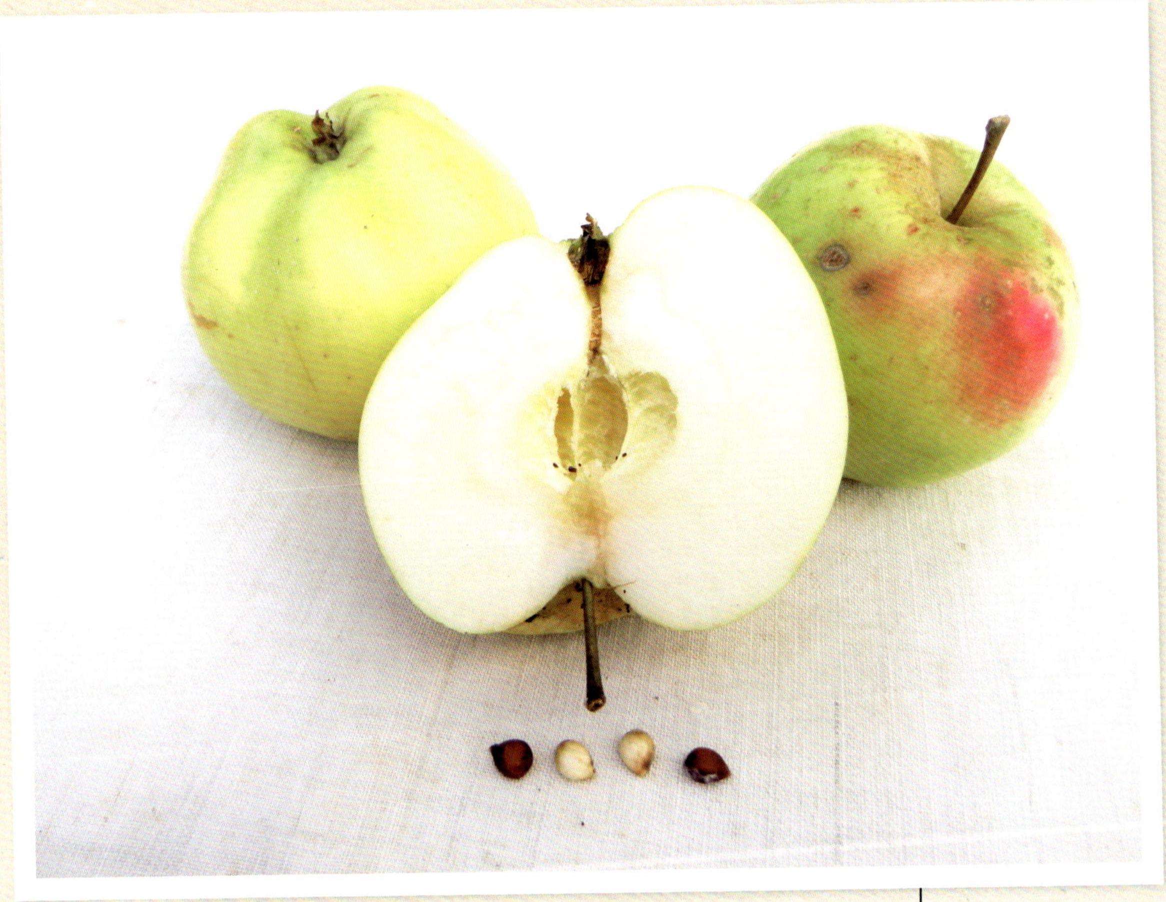

Vorzüglich!

Verwendung

Ukrainer Sämling

Herkunft

Der ehemalige Mutterbaum der Sorte stand in Westgroßefehn. Beachten Sie dazu auch „Drei Äpfel und Ihre Geschichte“ ab Seite 92.

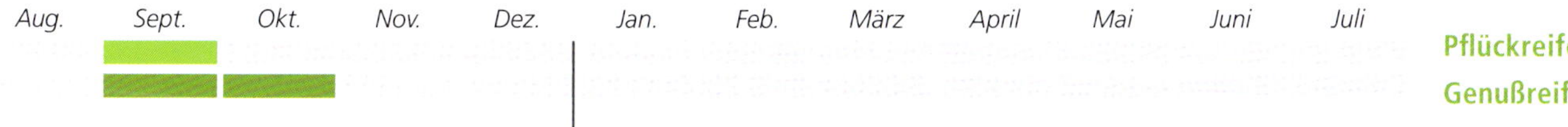

Pflückreife

Genußreife

Größe und Form	mittelgroß bis groß, ungleichmäßig, stielbauchig, Rippen über die ganze Frucht
Schale	gelbgrün, sonnenseits rosa behaucht, fettend, duftend, druckempfindlich
Schalenpunkte	wenig, undeutlich, grün
Stiel	lang, dünn | Stielgrube tief, eng, strahlig berostet
Kelch	Kelchgrube klein, eng, gerippt | deutliche Kelchröhre bis zum Kernhaus
Kernhaus	offen, sehr wenige runde Kerne, z.T. kernlos
Gefäßbündellinie	undeutlich
Fruchtfleisch	grünweiß, anlaufend, saftig, abknackend, schaumig, angenehm süßsäuerlich sehr leichte Früchte
Baumeigenschaften	schwacher Wuchs, sehr feintriebig, hängende und dichte Krone, sehr gesund und krebsfrei
Verwechsler	Antonowka (vermutlich Elternsorte), Grahams Jubiläumsapfel
Sichtungsbaum	2 3 17 *vgl. Seite 90*

NORDSEE
Norden
Esens
Wittmund
Jever
Wilhelms-
haven
Greetsiel
OSTFRIESLAND
Aurich
Emden
Leer
NIEDERLANDE
FRIESLAND
AMMERLAND
Bad Zwischenahn
Oldenburg
Papenburg
EMSLAND

SICHTUNGSBÄUME

1 **Brüntjen, Gerold** Eschhorn 1, 26188 Edewecht-Portsloge

2 **Buss, Insa & Heinz-Herbert** Oldersumer Str. 19, 26632 Simonswolde

3 **Buss, Kerstin** Raiffeisenweg 3, 26629 Westgroßefehn

4 **Buss, Kerstin** Grundstück am Achterlandsweg, hinter dem Transformator

5 **Freerks, Hella & Günther** Schwarzer Weg 6, 26802 Boekzetelerfehn

6 **Gerdes, Gertrud & Gerd** Brandshoff 37, 26427 Esens-Holtgast

7 **Henken, Traute & Hermann** Postweg 1, 26629 Großefehn-Spetzerfehn

8 **Janssen, Werner** Nordobenende 13, 26670 Uplengen-Südgeorgsfehn

9 **Krüderee** Spekendorfer Kirchweg 29, 26607 Aurich-Middels

10 **Leezder Obstgarten** Theiss, Michael, Kirchweg 30a, 26529 Leezdorf

11 **Lions Obstwiese** Berdumer Altengroden 8, 26409 Wittmund
Grundstückseigentümer: Becker, Gottfried

12 **Ökowerk Emden** Kaierweg 40a, 26725 Emden

13 **Oma Elskes Huus** Tiede-Ubben Str., 26736 Groothusen
Eigentümer: Boomgarden, Inge & Hero-Georg (Emden)

14 **Pietrowski, Heinz** Potshausener Str. 10, 26842 Ostrhauderfehn

15 **Saathoff, Jenny & Harm** Heuweg 6a, 26632 Westerende Holzloog

16 **Tjarks, Marita & Klaas** Anderwarfen-Wallum, 26427 Werdum

17 **Trauernicht, Bruno** Kuckucksleegde 9, 26629 Großefehn-Felde

Zugängliche Obstgärten

(mit beschilderten Sorten)

1 **Pomarium frisiae**
im Ökowerk Emden
Kaierweg 40a, 26725 Emden

2 **Stadt Norden**
www.norden.de
> Flyer „Streuobstwiesen"
und **Obstbaumwiese am Berumerfehn-Kanal in Nadörst**

3 **Stadt Wilhelmshaven**
www.naturschaetze-whv.de
> Broschüre „Obstwiesen in Wilhelmshaven"

4 **Wiesmoor Streuobstwiese e.V.**
Amselweg 120, 26639 Wiesmoor
und **Torf- und Siedlungsmuseum Wiesmoor**
Resedaweg 18, 26639 Wiesmoor

5 **Park der Gärten**
Elmendorfer Str. 40, 26160 Bad Zwischenahn

6 **Befis Naturgarten**
Befiweg 1, 26817 Rhauderfehn

7 **Naturheilverein Hesel**
Sieglinde König
Kanalstr. 62, 26835 Hesel-Beningafehn

8 **Appelhoff**
Johannes Bolland
Kirchstr. 179, 26817 Ostrhauderfehn

9 **Försterei Hesel**
Zum Forsthaus, 26835 Hesel

10 **Schlosspark Lütetsburg**
Landstr. 55, 26524 Lütetsburg

11 **Radwanderweg** entlang der ehem. Kleinbahn
Edewechterdamm nach Bad Zwischenahn

12 **Energie-, Bildungs- und Erlebnis-Zentrum Aurich** Osterbusch 2, 26607 Aurich

Dree lüttje Appel-Vertellsels

DREI ÄPFEL UND IHRE GESCHICHTE

Roter Papenburger

Die Sorte ist ein wohlschmeckender, robuster Zufallssämling, der von der Gärtnerei Feiling in Papenburg in den 1940er Jahren vermehrt wurde (Werner Kleimann 2013). Die Namensgebung erfolgte 1949 in Langförden durch den Unterausschuss Obstbau- und Baumschulen der Landwirtschaftskammer Weser-Ems. 1950 wurde sie in deren Sortenempfehlungen für das Emsland aufgeführt. Trotzdem geriet diese Sorte in Vergessenheit.

2001 startete Johannes Lindemann von der Historisch-Ökologischen Bildungsstätte in Papenburg einen Suchaufruf in der Ems-Zeitung. Tatsächlich wurden drei Bäume des „Roten Papenburgers" gefunden und die Früchte vom Vorsitzenden des Deutschen Pomologenvereins Wilfried Müller als echt identifiziert.

Daraufhin wurde diese Sorte, die viele Jahre als verschollen galt, in der o.g. Bildungsstätte vermehrt. Als Mutterbaum für 200 Nachzuchten diente ein mittlerweile gefällter Baum in der Kirchstraße in Papenburg.

Lokales

Auf der Spurensuche na… dem „Roten Papenburge…

Verschollene Apfelsorte so…

Von Johannes Lindemann

Lokales

DER UMGEKNICKTE APFELBAUM der 84-jährigen Frau Kramer liefert das Erbgut fü… Papenburger".

Erfolgreiche Suche nach dem „Rote…

Alte Apfelsorte soll in der Kanalstadt Renaissance erleben - Baum kann in zwei Varianten b…

Ukrainer Sämling

Johannes Helmers, Landwirt aus Simonswolde, wurde im 2.Weltkrieg für die Verwaltung eines großen landwirtschaftlichen Gutes auf der Krim eingezogen. Während dieser Zeit wurde der Hof in Simonswolde verpachtet und die Ehefrau, Christine Helmers, zog in das elterliche Haus Onken nach Westgroßefehn, Fehnweg 18. Herr Helmers schickte um 1942 von der Krim ein Paket mit wunderschönen Äpfeln nach Westgroßefehn. Dieses Paket traf tatsächlich in Ostfriesland ein – wenn auch „lappig" aber doch sehr wohlschmeckend, wie die Schwester von Frau Helmers, Amke Onken erzählte.

Sie war es auch, die Kerne in einen Blumentopf steckte und somit einen Baum heranzog, der im Alter von etwa 70 Jahren leider entfernt werden musste – der herbeigerufene Gärtnermeister Fokken meinte, dass der Baum nicht mehr zu retten sei. Glücklicherweise wurde diese Sorte aber rechtzeitig von Gärtnermeister Hans Kortmann in seiner ehemaligen Baumschule in Westgroßefehn vermehrt und unter der Bezeichnung „Ukrainer Sämling" vermarktet. Bäume davon sind noch vereinzelt in den umliegenden Gärten anzutreffen.

Nach Erinnerung von Dr. Harm Buss aus Westgroßefehn, 2013 verstorben, dem diese Geschichte von Amke Onken und Schwestern des Öfteren erzählt wurde.

Oma Elskes Huus mit altem Apfelbaum „Brons' Spende" im Hintergrund

Brons' Spende

Im Garten eines alten Landarbeiterhauses in Groothusen-Krummhörn wächst diese Apfelsorte. Bei der Restaurierung des Hauses stieß man auf die Geschichte von Brons' Spende: Ursprünglich gehörte das Haus den Brüdern Snap, die ihren Lebensunterhalt als Deicharbeiter verdienten. Sie bauten 1840 zwei identische eigenständige Haushälften hinter einer Backsteinmauer – ein Doppelhaus war eine Rarität in Ostfriesland. Der Wohnbereich bestand aus 16 Quadratmetern, der Rest des Hauses diente damals allgemein üblich als Schweine-, Schaf- und Hühnerstall sowie der Boden zum Speichern von Kartoffeln, Heu, Stroh und Torf als Brennmaterial.

1884 wurde „Oma Elske" in einer Butze in diesem Haus geboren und lebte hier mit ihrer Mutter, ihrem Mann Johann Müller und sieben Kindern auf engstem Raum. Johann Müller arbeitete auf dem Landgut Middelburg für die Familie Brons. Nach dem Ersten Weltkrieg machte die Inflation auch vielen Höfen zu schaffen. So musste sogar die reiche Kaufmannsfamilie Brons den Hof 1923 verkaufen. Als Dank erhielten alle Landarbeiter von der Familie Brons zum Abschied besondere Geschenke. Elske und Johann Müller erhielten: eine neue Deckenvertäfelung aus Holz für die Küche - für das Wohlbefinden, eine Kletterrose, die am Hausgiebel gepflanzt wurde - für die Schönheit und einen Apfelbaum - für ewige Gesundheit.

Diese Apfelsorte ist so als „Brons' Spende" in die Familiengeschichte eingegangen. Zu der damaligen Zeit war ein Apfelbaum etwas ganz Besonderes, denn kaum ein Landarbeiter konnte sich Äpfel kaufen. Von daher waren insbesondere Lageräpfel wichtige Vitaminspender in der Winterzeit. Die Äpfel sollen sich laut Erzählungen in Bohnenstroh gewickelt bis weit in den Winter hinein auf dem Boden lagern lassen – aber nur in Bohnenstroh! Mit 99 Jahren verstarb Oma Elske in ihrem Haus - der Baum jedoch wird gut gepflegt und trägt weiterhin große Mengen an wohlschmeckenden Früchten. Beide Haushälften wurden von der Familie Boomgarden aus Emden gekauft, liebevoll im alten Stil restauriert und somit vor dem Abriss bewahrt. Sie stehen unter Denkmalschutz und werden heute als Ferienhäuser vermietet. Von der Apfelsorte „Brons' Spende" gibt es mittlerweile Nachzuchten in beiden Gärten des Doppelhauses in Groothusen sowie im Pomarium frisiae in Emden (Ökowerk).

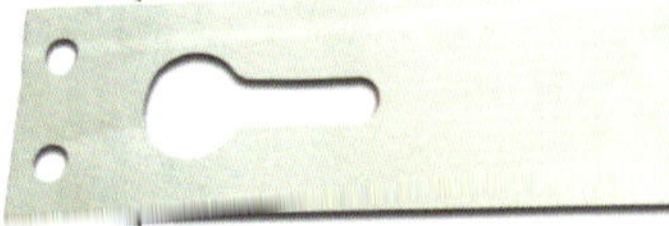

Elske und Johann Müller (um 1909)

Dit un dat wat man bruken kann

TIPPS, ANREGUNGEN UND ADRESSEN

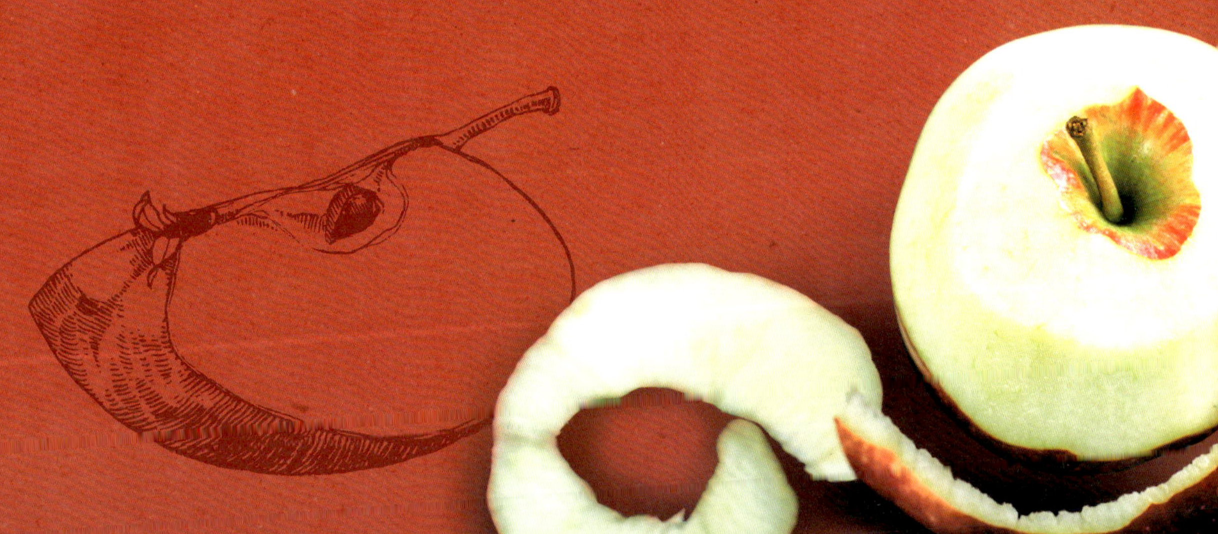

Ohrwurm (Forficula auricularia)
Der Nützling frisst bis zu 100 Läuse pro Nacht.

Wo plant ik de Appelboom?

TIPPS ZUM ERFOLGREICHEN OBSTANBAU

Dieses Buch soll in erster Linie dazu dienen, alle uns bekannten ostfriesischen Apfelsorten möglichst ausführlich und genau zu beschreiben und vorzustellen, in der Hoffnung, dass sich Gartenfreunde, aber auch Landkreise und Gemeinden dafür begeistern lassen, auch diese Sorten in ihre Obstbaumpflanzungen mit aufzunehmen. Dies ist ein wichtiger Beitrag, ostfriesisches Kulturgut zu erhalten!

Wir möchten an dieser Stelle aber auch die Möglichkeit nutzen, kurzen obstbaulichen Rat zu geben, damit die geplante Obstbaumpflanzung gelingen kann und man lange Freude an den Bäumen und deren Früchten hat. Viele Fehler lassen sich vermeiden, wenn die nachfolgenden Hinweise beachtet werden. Es gibt gute Literatur, die sich ausführlicher mit diesen Themen auseinandersetzt; im letzten Kapitel finden sich dazu Buchvorschläge und auch Adressen von Fachleuten.

Um die richtige Sorte für den jeweiligen Standort auszuwählen, ist es wichtig, die Bodenbeschaffenheit des eigenen Gartens zu kennen. Ein Baum wächst nur dort gut, wo er Bedingungen vorfindet, die er braucht. Einige Standortnachteile lassen sich ausgleichen, aber nicht alle. Eine ausführliche Sortenempfehlung folgt im nächsten Kapitel.

Neben der richtigen Sortenwahl ist es auch wichtig zu wissen, auf welchen Unterlagen die Obstbäume in den Baumschulen veredelt worden sind (s. Vom Apfelkern zur Sortenerhaltung). Für den Gartenbesitzer ist es wichtig, dem Standort angepasste Bäume zu bekommen. Möchte man Bäume, die eher klein bleiben sollen, wählt man in der Regel sogenannte Buschbäume oder auch noch Halbstämme. Diese benötigen einen freien Radius von 2-4 Metern und einen sonnigen Standort, guten, nicht zu nassen und nicht trockenen, fruchtbaren Boden und zur Standsicherung ein oder zwei stabile Pflanzpfähle. Hat man mehr Platz zur Verfügung oder möchte sogar eine Obstwiese mit großen Bäumen anlegen, verlangt man Halbstämme oder besser Hochstämme. Nur diese Bäume werden sich auf einer Streuobstwiese durchsetzen und können zu standfesten, ökologisch wertvollen Obstbaumriesen werden.

Beter de Appels slieten as dat de Tack breckt.

Äußerst wichtig für eine erfolgreiche Anpflanzung ist ein guter Boden. Der Grund dafür, das Obstbäume oft einfach nicht richtig gedeihen, keinerlei Wachstum verzeichnen, keine Früchte tragen oder kränklich wirken, lässt sich in den meisten Fällen auf die Bodenverhältnisse zurückführen. Obstbäume lieben weder Staunässe noch Trockenheit, auch Bodenverdichtung oder Nährstoffmangel können Gründe für schlechtes Gedeihen sein. Liegen diese Missstände vor, müssen Sie unbedingt beseitigt werden.

Wenn trotz guter Bodenverhältnisse die Bäume nicht erwartungsgemäß wachsen, könnte es sein, dass diese zu tief gepflanzt wurden - ein Fehler der häufig begangen wird. Hier ist es wichtig zu wissen, dass die Wurzeln der Bäume nur gerade eben mit Erde bedeckt sein sollen, lieber sogar die Bäume auf einen kleinen Hügel pflanzen - das ist in unserer flachen und oft nassen Region die beste Art und Weise Bäume zu pflanzen.

Ein anmooriger Boden ist in der Regel gut für die Obstbäume geeignet, ist er zu sauer, ist eine gelegentliche Gabe von Kalk nötig. Die sandigen Geestböden sind oft sehr trocken und meist auch nicht sehr nährstoffreich. Pflaumen / Zwetschen und viele Apfelsorten gedeihen auf diesen Sandböden nicht sehr gut. Birnen, die meisten Kirschen und einige Apfelsorten sind geeignet. Bei diesen durchlässigen Böden sind Gaben von reifem Mist mit Beigabe von Kalk, Hornspäne, reifem Kompost oder auch eine Gabe Thomaskali auf der Baumscheibe hilfreich.

„Besser die Äpfel pfücken, als dass der Ast bricht." (man soll das kleinere Übel wählen)

Für schweren Marschboden gibt es Sorten, die dort sehr gut gedeihen, aber auch viele, die dort überhaupt nicht wachsen wollen. In den Sortenbeschreibungen finden sich dafür Hinweise. Auf jeden Fall ist es von Vorteil, den Pflanzlöchern humose, sandige Erde beizugeben sowie auf leichten Erdhügeln zu pflanzen.

Obstbäume benötigen einen laufenden Aufbau- und Pflegeschnitt. Mit dem Schnitt bauen wir eine tragfähige Krone auf, er sorgt auch für eine lockere, offene und gut beerntbare Krone. Sprichwörtlich soll man einen Hut durch die Baumkrone werfen können. Dies ist wichtig, damit die Sonne überall hineinscheinen kann und die Früchte gut ausreifen können. Außerdem benötigen schädliche Pilzsporen (Monilia, Schorf u. Baumkrebs) zum guten Gedeihen ein feuchtes Milieu, dem eine lockere, offene Krone, die schnell durchtrocknen kann, entgegenwirkt. Der Obstbaumschnitt ist ein umfassendes Thema, das wir hier nicht weiter vertiefen können, aber für den Obstbaumbesitzer ist es wichtig, sich mit dem Thema näher zu befassen. Dazu sollte man Schnittkurse besuchen und gute Literatur zu diesem Thema lesen. Sollte hierzu die Zeit oder Motivation fehlen, übergibt man den Obstbaumschnitt in kundige Hände, aber Vorsicht, nicht jeder Gartenbaubetrieb kennt sich mit dem Obstbaumschnitt aus. Zur weiteren Pflege eines Obstbaumes gehört es, die im Durchmesser ca. einen Meter große Baumscheibe frei von Grasbewuchs zu halten, da das Gras dem Baum zu viele Nährstoffe und Wasser vorenthält. Günstig ist dabei auch, die Baumscheibe mit Rasenschnitt zu mulchen. Die Mulchdecke sollte allerdings nur in den Sommermonaten (im Winter könnten sich sonst Mäuse einnisten) und nur in geringer Stärke aufgetragen werden, damit sie auch verrotten kann. Außerdem sollte der Baumstamm gegen Wildverbiss geschützt werden. Bewährt hat sich in diesem Fall Kükendraht, der um den Baumstamm herum befestigt wird. Der Stamm sollte von Astaustrieben freigehalten werden. Wenn man einen Befall von Baumkrebs entdeckt, sollte mit einem scharfen Messer alles Verbräunte ausgeschnitten werden. Es muss aufgefangen und entsorgt werden. Danach wird die Stelle mit Baumwachs bestrichen. Anschließend sollte das

In der Ausbildung zum Obstbaum-Fachwart wird auch der Rückschnitt alter Apfelbäume geübt.

Messer gründlich gereinigt werden, bevor damit Schnittarbeiten an anderen Bäumen vorgenommen werden, ansonsten besteht Ansteckungsgefahr!

Darüber hinaus gibt es eine ganze Reihe von tierischen Schädlingen aus dem Insektenreich. Hier lässt sich Vorsorge treffen, indem man deren natürliche Gegenspieler fördert: Nisthifen für Meisen, Ohrwurmbehausungen sowie Solitärbienen- und Wespenhotels und eventuell auch Unterschlupfmöglichkeiten aus Totholz und Steinhaufen für Hermelin und Mauswiesel, die ein Überhandnehmen der Wühlmäuse verhindern. Zur Vertiefung dieses Themas verweisen wir ebenfalls auf unsere Buchempfehlungen.

'n Appel för de Smacht,
de weggt woll'n Punt;
'n Appel so dick, dat man
hum heel neet begapen kann

Schmetterlinge wie der Admiral (*Vanessa atalanta*) lieben Fallobst.

De beste Soorten för dien Tuun

SORTENEMPFEHLUNGEN FÜR OSTFRIESLAND UND UMZU

Im Folgenden findet sich eine Auflistung von überregional bekannten Apfelsorten, die sich im ostfriesischen und oldenburgisch-ammerländischen Raum bewährt haben und die wir ebenfalls für Anpflanzungen empfehlen können.

Daar kann geen Appel up de Deel fallen.

Wer sich auf den Weg in die nächste Gärtnerei macht, um sich eine alte ostfriesische Apfelsorte zu kaufen, der wird schnell merken, dass dies ein schwieriges Unterfangen ist. Da unser Projekt, die alten ostfriesischen Apfelsorten zu erhalten, noch in den Kinderschuhen steckt, sind die Möglichkeiten des Erwerbes der vorgestellten Sorten noch begrenzt. Auch die im Anhang aufgelisteten Gärtnereien werden nicht jeden Wunsch erfüllen können. Aber durch gesteigerte Nachfrage bestimmter Sorten werden die Betriebe sicher in nächster Zeit ihr Sortiment erweitern. Zudem besteht die Möglichkeit, gewünschte Sorten gezielt zu veredeln bzw. vom Fachmann veredeln zu lassen. Diese Bäume wären dann in ca. zwei Jahren soweit, in den eigenen Garten umzuziehen. Edelreiser zu diesem Zweck sind in begrenztem Umfang bei Heinz-Herbert Buss und Marita Tjarks erhältlich.

Wer nicht so lange warten will, aber trotzdem gesunde und wohlschmeckende Apfelsorten anpflanzen möchte, kann auch auf überregional bekannte Sorten zurückgreifen, die sich hier in unserer Region seit vielen Jahren ebenso wie unsere reinen ostfriesischen Apfelsorten sehr gut bewährt haben. Es ergibt Sinn, zwischen einer Anpflanzung in einem Garten und einer Anpflanzung auf einer Wiese zu unterscheiden und jeweils andere Sorten auszusuchen. Im Hausgarten werden meist kleinere Bäume und sogenanntes Tafelobst (leckere Sorten zum Sofortverzehr) gewünscht. Dazu wählt man eher schwachwüchsige Buschbäume oder auch Halbstämme und achtet unbedingt auf einen offenen Boden um den Baumstamm herum, die sogenannte Baumscheibe, damit der Baum ausreichend Wasser und Nährstoffe aufnehmen kann. Bei einer An-

"Da kann kein Apfel auf die Diele fallen." (ein Raum oder Ort ist sehr gedrängt voll mit Menschen)

pflanzung auf einer Wiese wählt man am besten Hochstämme und möglichst robuste Sorten. Hier finden sich vielfach Sorten, die auch etwas säuerlicher im Geschmack sind und sich in der Regel auch am besten zur häuslichen Verarbeitung und zur Saftherstellung eignen. Selbstredend kann diese Liste keine Vollständigkeit beanspruchen, aber viele dieser Sorten sind relativ gut zu bekommen.

Marita Tjarks und Gerold Brüntjen bei der Sortenbestimmung auf dem Apfelfest in Wilhelmshaven

Sortenname	Verwendung	Pflück- und Genussreife 8. | 9. | 10. | 11. | 12. | 1. | 2. | 3. | 4. | 5. | 6. | 7.	Geschmack	Bemerkungen
Adamsparmäne	T		süßsauer, mild	gesund, reichtragend
Alkmene	T		edelaromatisch	reichtragend, Diabetikerapfel, Baum etwas krankheitsanfällig
Altländer Pfannkuchenapfel	W		süßsauer	Norddeutsche Regionalsorte, sehr robust
Ananas Renette	T W		säuerlich, aromatisch	kleine Früchte, schwachwüchsig, Schorf und Krebs möglich

Sortenname	Verwendung	Pflück- und Genussreife 8. | 9. | 10. | 11. | 12. | 1. | 2. | 3. | 4. | 5. | 6. | 7.	Geschmack	Bemerkungen
Biesterfelder Renette	T		edelaromatisch	auf nassen Böden Krebs
Boskoop	T W		säuerlich, aromatisch	starkwüchsig, es gibt verschiedene rotschalige Auslesen
Coulons Renette	T W		süßsäuerlich, aromatisch	ähnlich Boskoop, jedoch süßer, auch für Moorböden
Dülmener Rosenapfel	T		süßsäuerlich, aromatisch	saftige Früchte, Bäume robust
Filippa	T W		süßsäuerlich, aromatisch	saftige, duftende Früchte, Neigung zum Fruchtfall vor der Ernte
Finkenwerder Herbstprinz	T W		säuerlich, aromatisch	Norddeutsche Regionalsorte, robust, auch für Marschböden
Galloway Pepping	T W		süßsäuerlich, gewürzt	robust, auch für Marschböden, Früchte wenig windfest
Gelber Edelapfel	W T		säuerlich, würzig	Diabetikerapfel, bester Backapfel, Früchte wenig windfest
Gelber Münsterländer	W T		süßsäuerlich, aromatisch	Mandelaroma, robuste Bäume
Goldparmäne	T		edelaromatisch	Nussaroma, Bäume krankheitsanfällig, besonders für Krebs
Grahams Jubiläumsapfel	W T		süßsäuerlich	sehr reichtragend, robust, auch für Moorböden
Graue Herbstrenette	T W		süßsäuerlich, würzig	Bäume reichtragend und gesund, Früchte wenig windfest
Gravensteiner	T		edelaromatisch	sehr saftige, stark duftende Früchte, Bäume krankheitsanfällig

Sortenname	Verwendung	Pflück- und Genussreife 8. | 9. | 10. | 11. | 12. | 1. | 2. | 3. | 4. | 5. | 6. | 7.	Geschmack	Bemerkungen
Groninger Krone	W T		süßsäuerlich	aus Holland, robust, für Marschböden und leichte Sandböden
Hadelner Rotfranch	T		süß, feinwürzig	Norddeutsche Regionalsorte, robust, auf Sämlingsunterlage später Ertragsbeginn
Horneburger Pfannkuchenapfel	W		säuerlich	Norddeutsche Regionalsorte, riesige Früchte, windfest, für Marschböden
Jakob Fischer	T W		süßsäuerlich, aromatisch	saftige Früchte, starkwüchsige und robuste Bäume
Jakob Lebel	W T		säuerlich	sehr saftige Früchte, Bäume reichtragend und starkwüchsig
Jamba	T		säuerlich, aromatisch	Norddeutsche Regionalsorte, Krebs auf nassen Böden
James Grieve	T W		süßsäuerlich, aromatisch	saftige Früchte, reichtragend, Früchte wenig windfest
Kaiser Wilhelm	W T		süßsäuerlich	saftige Früchte, starkwüchsige, robuste Bäume, Krebs auf nassen Böden
Kanadarenette	T W		süßsäuerlich, aromatisch	starkwüchsige Bäume, sturmfeste Früchte
Knebusch	T W		säuerlich	Norddeutsche Regionalsorte, hübsche leuchtend rote Früchte, robuste Bäume
Königlicher Kurzstiel	T W		süßsäuerlich, würzig	kleinfrüchtig, schwachwüchsig, robust, uralte Sorte, schon im 13. Jhdt. erwähnt
Krügers (Celler) Dickstiel	T W		süßsäuerlich, aromatisch	saftige Früchte, für Sandböden, robuste Bäume
Martini	T W		süßsäuerlich, aromatisch	Norddeutsche Regionalsorte, kleine Früchte, Bäume robust und krebsfest

Sortenname	Verwendung	Pflück- und Genussreife 8. | 9. | 10. | 11. | 12. | 1. | 2. | 3. | 4. | 5. | 6. | 7.	Geschmack	Bemerkungen
Notarispapfel	T		süß, aromatisch	Holländische Sorte, saftige Früchte, robuste Bäume
Ontario	W T		säuerlich	saftig, sehr hoher Vitamin C Gehalt, Diabetikerapfel, Früchte sturmfest
Pannemanns Tafelapfel	T		süßsäuerlich, würzig	Norddeutsche Regionalsorte, saftige Früchte, Bäume schwachwüchsig, robust
Pison	T W		säuerlich	kleinfrüchtig, es gibt verschiedene Typen, robust, auch für Marsch und Moor
Princess Noble (Alant)	T		feinwürzig	Zimtaroma, Bäume reichtragend, schwachwüchsig, robust
Roter Münsterländer Borsdorfer	W		säuerlich	Bäume starkwüchsig, robust, sehr guter Mostapfel
Schöner aus Herrnhut	T		säuerlichsüß	robust, trägt alle zwei Jahre reichlich, guter Mostapfel
Seestermüher Zitronenapfel	T W		mild säuerlich	Norddeutsche Regionalsorte, saftige Früchte, Bäume reichtragend, robust
Signe Tillisch	T W		feinwürzig	aus Dänemark, Früchte duftend, Bäume krankheitsanfällig
Weißer Klarapfel	T W		säuerlich	aus Lettland, Früchte saftig, kurz haltbar, Krebs auf schweren Böden
Weißer Winterglockenapfel	T W		säuerlich	in Norddeutschland weit verbreitet, robuste Bäume
Wohlschmecker aus Vierlanden	T		süßsäuerlich	Norddeutsche Regionalsorte, robuste Bäume, auch für Marschböden geeignet
Zuccalmaglios Renette	T		säuerlich, aromatisch	Quittenaroma, sturmfeste kleine Früchte, Bäume robust, schwachwüchsig

Schöner von Herrnhut
Ostfriesischer Sommerapfel
Alantapfel
Seestermüher Zitronenapfel
Roter Boskoop
Jonathan
Jonagold
Coulons Renette
Zabergau renette
Bagbander Sliontje

Wat lecker!

VERWENDUNG VON ÄPFELN

Äpfel sind ein wichtiges Grundnahrungsmittel, sie können roh gegessen oder zu Saft, Mus, Apfelkuchen etc. verarbeitet werden, aber auch viele Gerichte ergänzen und verfeinern. In Deutschland verbraucht jeder von uns im Schnitt 25 kg Äpfel pro Jahr, so viel wie von keiner anderen Frucht! Trotzdem sieht man in den Gärten kaum noch einen Obstbaum, der neben seiner Blütenzier auch einen Teil der Selbstversorgung leisten kann. Wer wenig Platz hat, kann auch einen Mehrsortenbaum nehmen, z.B. mit Früchten unterschiedlicher Reifezeit. Auch hier ist es wieder Obergärtner Schomerus, der bereits vor über 100 Jahren die Bedeutung des Apfels für unsere Ernährung hervorhob: „Mögen unserem deutschen Vaterlande reiche Obstquellen erschlossen werden, dann werden auch endlich dem deutschen Volke die Augen geöffnet werden, zu erkennen, was ihm das Obst sein sollte: kein Genußmittel, nein, ein Nahrungsmittel im wahrsten Sinne des Wortes, ein *Volksnahrungsmittel!* Ein Volksnahrungsmittel kann es aber nur werden, wenn Obstbau im Großen betrieben wird und einen Hauptzweig der Landwirtschaft bildet, wenn man die Viehweiden usw. mit Obstbäumen bepflanzt. O! wie unendlich glücklich ein Volk, bei dem Obst ein Volksnahrungsmittel ist! Ihr Ungläubigen, verlacht uns nicht, die wir dies von ganzem Herzen als echte Vaterlandsfreude so sehnlichst für unser liebes deutsches Volk wünschen, erflehen und nicht müde

Wi hebben 'n Jank na Appels.

werden, für diese unsere Überzeugung zu leben und zu werben. Bedenkt ihr Zweifler: das Obst ist die einzige Gabe Gottes, mit der uns die Natur fertig den Tisch deckt. So wie es an Baum und Strauch und Staude wächst, ist es zum Genusse fertig. Ohne Gewürz und Feuerskraft wird es roh genossen am besten verwertet!"

Der Jeverländer Süßapfel reift im September und schmeckt süß-bitter; im Winter diente er als Ersatz für Birnen mit „Hüdel" (Ostfriesischer Klütje oder Mehlpütt). Um das zu erreichen, wurden die Äpfel im Backofen gedörrt. Anschließend verbrachten sie ihre Zeit bis zum Verzehr in einer Milchkanne. War den Menschen nach dem beliebten Hefegericht mit Früchten, legten sie die getrockneten Äpfel so lange in Wasser, bis diese genügend Feuchtigkeit angenommen hatten. So wieder in Form gebracht, dienten sie als Birnenersatz für das bekannte Gericht. Mit einem Spritzer Zitrone gekocht, erlangt der Jeverländer Süßapfel ein ungeahnt gutes Aroma.

Getrocknete Apfelringe lassen sich gut in Milchkannen lagern.

„Wir haben Verlangen nach Äpfeln."

Ostfriesischer Klütje

Zutaten

1 Pckg.	Hefe
1 Teel.	Zucker
250 ml	Milch, lauwarm
500 g	Mehl
1	Ei
1 Eßl.	Schmalz
1 Prise	Salz

Zubereitung

In einer Schüssel wird Hefe mit Zucker und 4 Eßl. Milch verrührt.

Die restlichen Zutaten dazugeben und gut verkneten. Den Teig zum Aufgehen auf ein bemehltes Leinen- oder Baumwolltuch legen. Anschließend wird das Tuch lose unter den Deckel eines Topfs geknotet.

Das Tuch dann 1 Stunde in einen hohen Topf mit kochendem Wasser hängen. Vorsicht, das kochende Wasser darf das Tuch nicht berühren. Der Klütje soll nur vom Wasserdampf gegart werden. Alternativ kann der Teig auch in einer Napfkuchenform im Wasserbad gegart oder bei 175 Grad gebacken werden.

Den Klütje in zwei Hälften schneiden und diese jeweils in 1,5 cm dicke Scheiben schneiden.

Heiß servieren mit warmer Vanillesoße, gekochten Birnen oder mit Jeverländer Süßapfel. Geschälte, entkernte Früchte kurz in Wasser kochen, mit Stärke andicken und mit Zitrone abschmecken. Die Konsistenz sollte dickflüssig sein.

Reste vom Klütje sind auch tags darauf in Butter gebraten und mit Zucker oder Sirup ein Genuss!

Arbeitszeit: ca. 20 Min.

Ruhezeit: ca. 1 Std.

Guten Appetit!

En Appelboom för elke Grundschool

FÖRDERMÖGLICHKEITEN VON STREUOBSTWIESEN

Zum 25-jährigen Bestehen der Irma-Waalkes-Stiftung im Jahr 2016 begann die erste ostfriesische Umweltstiftung mit

De Appels piepen in de Boom, lopen up golden Benen.

dem Projekt, jeder Grund- und Förderschule in Ostfriesland einen Apfelbaum zu spendieren. Die Stiftung wurde von Onno Waalkes (nicht zu verwechseln mit Otto Waalkes), einem Elektromeister aus Emden, 1991 zu Ehren seiner Frau Irma gegründet. Seitdem konnte die Stiftung etwa 100 Umweltprojekte in der Region mit einem Fördervolumen von über einer Million Euro unterstützen. Stiftungszweck sind klassische Naturschutzprojekte wie der Ankauf von Orchideenwiesen und wertvollen Moorflächen, deren Pflege z.B. durch extensive Beweidung und Artenschutzprojekte wie z.B. der Schutz des Eisvogels. Außerdem unterstützt sie Projekte in Umweltbildungseinrichtungen wie z.B. dem Wallheckenumweltzentrum Leer, dem Sand- und Waterwerk Simonswolde, dem Schulbauernhof Woldenhof Wiegboldsbur und dem Ökowerk in Emden.

Zu den geförderten Projekten gehören auch Veröffentlichungen wie der Brutvogelatlas der Stadt Emden oder das aktuell erschienene Bestimmungsbuch „Norddeutschlands Apfelsorten". Ein weiterer Förderschwerpunkt ist die Umweltbildung der nachwachsenden Generation. Dazu wird alljährlich ein Umweltpreis für Schulen und Jugendgruppen ausgelobt.

Umringt von Kindern bei der ersten Apfelbaumpflanzung an der Grundschule Egels 2016: Bernd Harms, Christine Strauß, Jörg Salzwedel, Elko Berents, Holger Krause und Werner Stienen

„Die Äpfel pfeifen/ächzen im Baum, laufen auf goldenen Beinen." (gehen zur Neige)

Naturnahe Schulhofumgestaltungen und Umweltbildungsprojekte an Schulen liegen der Stiftung besonders am Herzen, denn das Umweltbewusstsein muss nach Ansicht der Gremien möglichst früh gefördert werden. Die Jubiläumsaktion „Ein Apfelbaum für jede Grund- und Förderschule in Ostfriesland" soll in Kooperation mit dem Verein „Ostfrieslands Streuobstwiesen e.V." und einigen Obstbaumfachwarten in der Region bis 2020 umgesetzt werden. Dazu soll auch eine Broschüre zum Thema „Das Klassenzimmer im Grünen - Leitfaden für ein Schuljahr mit Obstwiesen" herausgebracht werden. Weitere Informationen sind auf der Stiftungshomepage www.irma-waalkes-stiftung.de veröffentlicht.

Die Irma-Waalkes-Stiftung fördert auch weiterhin die Anlage von öffentlichen und privaten Streuobstwiesen für den Naturschutz.

Fördermittel für Streuobstwiesen bekommen gemeinnützige Einrichtungen und Vereine auch bei der Niedersächsischen Bingo-Umweltstiftung (www.bingo-umweltstiftung.de) und der Umweltstiftung Weser-Ems (www.uwe-stiftung.de). Auch bei den regionalen Banken und Sparkassen gibt es Stiftungen, die Umweltprojekte fördern.

Honigbiene (Apis)
mit gefüllten Pollenhößchen
an den Hinterbeinen.

Hier kannst Du wat gewahr worden

OBSTWIESEN, APFELFESTE UND AUSSTELLUNGEN

Wer sich selbst über alte Apfelsorten informieren und vor allem eigene Bäume pflanzen möchte, sollte sich die jeweiligen Bäume und Früchte ansehen, die Äpfel riechen und vor allem probieren! Leider ist dies nur sehr eingeschränkt möglich, da die meisten alten Sorten nicht im Handel erhältlich sind. Auf den inzwischen regelmäßig stattfindenden Apfelfesten und Sortenausstellungen kann man sich zumindest viele Apfelsorten anschauen – probieren leider meist nur wenige. Immerhin gibt es zunehmend mehr öffentliche Obstwiesen deren Bäume beschildert sind und deren Äpfel frei beerntet werden können (siehe Seite 90).

Gestaltungs- und Pflanzplan des Pomarium frisiae im Ökowerk Emden

Die größte Sortensammlung Ostfrieslands befindet sich im Ökowerk Emden: das **Pomarium frisiae**. Über die sagenumwobene Seidenstraße verbreitete sich der Apfel in der Antike von seiner ursprünglichen Heimat in Zentralasien bis nach Griechenland und in das Römische Reich. Die Römer brachten den Apfel dann nach Germanien. Das „Pomarium frisiae", also der friesische Obstgarten, erinnert mit seinem lateinischen Namen an diese Herkunft. Von den Ursprungsformen des Kulturapfels, alten und regionalen Selektionen bis hin zu den neuen Züchtungen findet sich im Ökowerk ein breites Spektrum an Sorten, und alle sind unterschiedlich in Farbe und Form, Geruch und Geschmack. Diese Vielfalt können Besucher erleben und genießen.

Für die Spezialisten gibt es eine Anpflanzung von rund 700 verschiedenen Apfelsorten. Die sorgsam betreute Sammlung dient dem Erhalt des genetischen Materials und dem Studium der Eigenschaften der einzelnen Bäume und Früchte. Dies ist die Basis für zukünftige Kultivierung in Gärten und Streuobstwiesen mit sortenechten, widerstandsfähigen und leckeren Früchten. Damit sich auch in Zukunft Apfelliebhaber, Feinschmecker und Experten für den Erhalt solcher Schätze einsetzen, gibt es pädagogische Angebote für Kindergärten und Schulklassen, bei denen

das hautnahe Erleben der Verschiedenheit im Vordergrund steht.
Aber nicht nur Äpfel stehen auf dem Programm: Neben ca. 220 Birnen- und Pflaumensorten findet man zahlreiches Wild- und Beerenobst sowie etliche weitgehend unbekannte Exoten. Insgesamt beherbergt das „Pomarium frisiae" ca. 1.000 verschiedene Obstsorten. Wer mehr über das Kulturgut Apfel erfahren möchte, über die verschiedenen Sorten und deren Ursprung, Hintergründe und Eigenschaften, kann im Rahmen einer Führung im Ökowerk sein Wissen erweitern.

Dat hett al de Dag so west, seeg de Maid, do lag se mit Skuud vull Appels in d'Gööt.

Fast 70 verschiedene, alte Obstsorten sind auf den derzeit 9 Streuobstwiesen im Gebiet der **Stadt Norden** zu finden. Wo sich die Wiesen befinden und um welche Obstsorten es sich handelt zeigt ein Flyer, den man unter www.norden.de (Umwelt & Verkehr) einsehen kann. Die Wiesen sind für jeden frei zugänglich und die Früchte können (zur Reifezeit!) geerntet werden.

Die **Stadt Wilhelmshaven** setzt sich seit vielen Jahren für die Erhaltung alter und für die Anlage neuer Obstwiesen ein - als Lebensraum und um alte Obstsorten zu bewahren. Auf 22 städtischen Flächen und zwei Obstbaumreihen stehen knapp 780 Obstbäume.
Von einigen der Bäume dürfen Bürger für ihren Privatbedarf Obst pflücken. Sie sind im Streuobstwiesenkataster des BUND (Bund für Umwelt und Naturschutz Deutschland) zu finden (www.streuobstwiesen-niedersachsen.de). Von den anderen Flächen wird für das Apfelfest gesammelt, das die Untere Naturschutzbehörde und der Botanische Garten gemeinsam mit dem BUND und der NABU (Naturschutzbund Deutschland) veranstalten. Es findet meist Anfang Oktober im Störtebeker Park statt.
Gemeinsam haben BUND Kreisgruppe Unterweser und BUND Kreisgruppe Wilhelmshaven eine mobile Ausstellung „Äpfel im Seewind" erstellt, die ausgeliehen werden kann. Es geht um alte und neue Sorten, um den Lebensraum Obstwiese bei uns an der Küste sowie um Apfel und Kultur. Ansprechpartner für die Ausleihe ist die Umweltstation Iffens, Tel. 0 47 35 - 92 00 20.

Auch in der **Stadt Wiesmoor** gibt es am Amselweg 120 eine private Obstwiese des Vereins „Wiesmoor-Streuobstwiese e.V.", die 2015 bepflanzt wurde und für Besucher frei zu-

„Das ist schon den ganzen Tag so gewesen, sagt die Magd, da lag sie mit der Schürze voller Äpfel in der Gosse." (jemand ist zu bequem, um wieder aufzustehen)

Heinz-Herbert Buss mit seiner Sortenausstellung auf dem Apfelfest in Oldersum

gänglich ist. Bisher wachsen hier etwa 190 Bäume in 200 Sorten (108 Apfelsorten), die alle mit kleinen Schildern gekennzeichnet sind (weitere Infos über Facebook/ Wiesmoor-Streuobstwiese e.V.).

Außerdem gibt es noch öffentliche Streuobstwiesen an der Försterei in Hesel und in Beningafehn. Letztere beinhaltet 75 Hochstämme und einen Bienenstand (www.streuobstwiese-beningafehn.de). Eine gute, aber leider nicht ganz vollständige Übersicht über die Obstwiesen in Ostfriesland bietet das Streuobstwiesenkataster des BUND (www.streuobstwiesen-niedersachsen.de). Hier sind auch zahlreiche private Obstwiesen verzeichnet, die natürlich nicht immer beschriftet und auch nicht öffentlich zugänglich sind.

Jährliche Apfelfeste mit Sortenausstellungen und teilweise auch Sortenbestimmungen finden u.a. statt auf der Obstwiese Oldersum (www.nabu-moormerland.de), den Obstwiesen am Upstalsboom (www.nabu-aurich.de), im Störtebeckerpark Wilhelmshaven (www.wilhelmshaven.de), im Kreisnaturschutzhof Wittmund (www.kreisnaturschutzhof.de) und im Park der Gärten (www.park-der-gaerten.de).
Der BUND Ostfriesland organisiert regelmäßig einen ostfriesischen Apfeltag (www.ostfriesland.bund.net) und der Naturheilverein Hesel veranstaltet regelmäßig ein Blütenfest auf ihrer Obstwiese in Hesel-Beningafehn.

Die **Stadt Aurich** plant ab 2018 am Energie-, Bildungs- und Erlebniszentrum (EEZ) in Aurich-Sandhorst einen Rundweg mit 100 verschiedenen Apfel-, Birnen- und Pflaumensorten zu bepflanzen. Nach der Idee von Gärtner Erich Fokken aus Schirumer Leegmoor wird jeder Baum über eine Patenschaft finanziert. Die Bäume werden mit Sortenschildern versehen und alle 24 in diesem Buch beschriebenen ostfriesischen Sorten werden dort gepflanzt.

En heel besünner Appeltuun

STREUOBSTWIESE LIEBENHAIN

Nur wenige alte Obstwiesen wurden bis heute erhalten. Eine der größten und ältesten erhaltenen Obstwiesen in Ostfriesland ist der inzwischen als Naturdenkmal geschützte, sogenannte „Liebenhain" in Loquard. 1995 wurden auf der etwa einen Hektar großen, parkartigen Anlage 176 Apfelbäume (davon 40 Sorten bestimmt), 92 Birnbäume (davon 31 Sorten bestimmt) und 106 Steinobstbäume (Pflaumen, Zwetschgen, Mirabellen, davon 11 Sorten bestimmt) verzeichnet. Zusätzlich wurden damals als Ersatzpflanzungen 10 Apfel- und 9 Birnenbäume nachgepflanzt. Dieser ursprünglich noch sehr dichte Baumbestand mit fast 400 Bäumen ist allerdings heute stark ausgedünnt, da inzwischen viele Bäume umgefallen, abgestorben und entfernt worden sind. Unter den Apfelsorten waren unter anderem so ungewöhnliche wie Fine Houtje (Weiche Haut), Friesenapfel, Haferapfel, Hasenkopf, Ostfriesische Kabrille, Pessuntje, Rhauderfehntjer Schafsnase und Zimtapfel. Viele Sorten konnten damals gar nicht identifiziert werden und die private Streuobstwiese kann leider nur von außen betrachtet werden.

Das war einmal ganz anders. In der Ecke der Anlage befindet sich ein eigentümliches, rundes und zweistöckiges Gebäude, das an einen Mühlenstumpf erinnert. Hinrich H. Swyter gründete 1797 in Loquard nach französischem Vorbild einen Literaturkreis - den ersten ländlichen Bildungsverein Ostfrieslands. Man hielt sich ökonomische, philosophische, historische, geographische und physikalische Schriften sowie ein Ideenmagazin. 1819 erbaute Swyter, wohlhabender Landwirt, auf einem nahen Stück Land eine Art Lustgar-

ten mit Wegen und kleinen Brücken, die mehrere Gräben, welche den Park durchzogen, überspannten. Es wurde ein Teich angelegt und an der Ostgrenze ein kleiner Friedhof (Toteninsel), wo Swyter selbst auch begraben liegt.

Das runde, weiße Haus, das erstmals 1824 als „Liebenheim" urkundlich erfasst wurde, enthielt im Erdgeschoss eine Gaststube, darüber einen kreisrunden Saal mit drei Nischen. Oben auf dem Dach war eine mit einem Gitter eingefasste Plattform, die als Aussichtspunkt diente und im Keller war ein Eiskeller eingerichtet. „Die gestiftete Gesellschaft hat wie alle unter honetten Leuten bestehenden gleichen Verbindungen keine andere Tendenz als moralische und wissenschaftliche Ausbildung und unschuldige Aufheiterung. Die Mitglieder derselben gehörten stets zu den angesehesten Eingesessenen des Orts", beschrieb Swyter selbst das Wirken des Vereins. „Liebenheim" widmete er seiner Frau mit der Inschrift „Mein liebes Johannchen". Das unter Denkmalschutz stehende Gebäude ist bis heute im Wesentlichen erhalten geblieben, während der Name als „Liebenhain" sich heute auf das gesamte Gelände bezieht. Nach dem Tod Swyters 1825 übernahm bis heute die Familie Beninga den Liebenhain und legte hier die Obstwiese an. Die ältesten erhaltenen Obstbäume sind über 180 Jahre alt. Das Obst wurde lange Zeit mit Karren nach Emden gebracht und verkauft, wo insbesondere die sogenannte „Hochheerenpeer" sehr beliebt war…

Haus Liebenhain um 1900

Wat'n Appels!

DER APFEL IM PLATTDEUTSCHEN

Im Ostfriesischen gibt es zahlreiche Bezeichnungen für den Apfel, die sich jeweils auf Aussehen, Geschmack, Reifezeit oder Wuchsort beziehen: Augustappel, Burenappel, Glasappel, Iserappel, Keeskeappel, Klockappel, Kruudappel, Mehlappel, Oktoberappel, Paradiesappel, Septemberappel, Sötappel, Speckappel, Suurappel, Swartappel, Vaderappel, Winterappel. Adolf Sanders aus Norden hat über viele Jahre plattdeutsche Bezeichnungen gesammelt und seine „Apfelliste" 2003 im Ostfreesland-Kalender veröffentlicht.

Diese Liste der plattdeutschen Namen für Äpfel und Apfelsorten ist von uns noch ein wenig überarbeitet und ergänzt worden:

Augustappel	*im August reifend*
Belli Biskip	*verballhornt aus „Schöner von Boskoop"*
Binnenroodsappel, Bloodappel	*Herbstkalville, rotes Fruchtfleisch*
Braadappel, Backappel	*Bratapfel, Backapfel*
Brügamsappel, Bruudappel	*Apfelsorte am Hochzeitstag gepflanzt*
Burenappel, Boskopappel	*Bauernapfel, Boskoop*
Doodappel	*Apfelsorte*
Drögappel, Dörappel	*Trockenapfel, Dörrapfel*
Druuvappel	*in Trauben hängende Früchte*
Dübbeld Paradiesappel	*doppelter Paradiesapfel*
Eiserappel, Kriegerappel	*Roter Mahrenholter*
Elzners pigeonartige Reinett	*Apfel, saure Sorte*
Falske Gravensteener	*Geflammter Kardinal*
Fettsteelappel	*Schale und dicker Stängel fühlen sich fettig an*
Geelappel	*Apfel, gelbschalige Sorte*
Glasappel	*Apfelsorte*
Goldprimeen	*Goldparmäne*
Goldregenett	*Goldrenette, Herbstrenette*
Goldreinett, Goldrugenett	*Parmäne, renettartige Sorte*
Grannett, Rugenett	*Renette, rauhschalige Sorten*
Gravensteener	*Gravensteiner*
Griesappel, Griesette	*Lederrenette, graue franz. Art*
Grönker, Gröntje	*Konditorapfel mit grasgrüner Schale*
Grootvadersappel	*Großvaters Bratapfel*
Haferappel, Jagdappel	*Alantapfel, wird zur Jagdzeit reif*
Haagedoornappel, Kaffei	*Zitronenrenette*
Hembeeiappel	*Himbeerapfel, süße Sorte*
Holtappel, Will Appel	*Holzapfel, Wildapfel*
Holtpaat, Doornpaat, Paat	*Holzapfel-Wildling, junger Apfelbaum*
Hönnigappel, Mareenappel	*Holländischer Süßapfel*
Iserappel, Paradiesappel	*Roter Eiserapfel*
Kamerappel	*Kammerapfel, muss länger liegen*

Kaneelappel	*Zimtapfel, würzige Sorten*
Kantappel	*Winterkalvill, Langapfel mit rippiger Schale*
Karsappel, Kassappel	*Zimtapfel*
Kattkoppen	*Katzenköpfe, Winterapfel*
Keeske, Keesker(ziepel)appel	*Apfel in käselaibähnlicher Form*
Klockenappel, Klockappel, Alantappel, Klosterappel	*Apfelsorte, im Kloster gezüchtet*
Klütjenappel	*Apfelsorte zum Kochen*
Kohlappel	*Boikenapfel*
Kohschietenappel	*Müskierte Herbstrenette*
Königin-Sophien-Appel	*Apfel, saure Sorte*
Kroddappel, Kröpelappel	*verwachsene, ver"krüppelte" Frucht*
Kruudappel	*verschiedene feinwürzige Sorten*
Langdürer, Miegappel, Winterappel	*wird unreif gepflückt, reift im Keller aus*
Langsteel-Appel, Butzenappel	*Apfelsorte mit krummen Stängel*
Miegappel	*Wildapfel*
Mahrenholter, Rood M.	*Winterapfel mit roter Farbe*
Mehlappel	*Apfel, mehlige Sorte*
Möhlenappel	*Mühlenapfel*
Muultrecker	*saurer, unreifer Apfel, astringierend*
Nunnentitten	*spitz zulaufende Früchte*
Pison, d.i. verballhornt aus Pigeon (Taube)	*Pigeon oder Taubenapfel*
Plattsöten, Plattsötenappel	*rundlich-flache, süße Apfelsorte*
Pannkokenappel	*kalvillähnliche Sorte für Apfelpfannkuchen*
Pottappel	*Kochapfel, Topfapfel*
Pracherappel	*Graue Herbstrenette*
Prinzenappel	*Prinzenapfel, Langapfelsorte*
Pundappel	*große Äpfel*
Rundappel	*Gloria Mundi, großer Apfel*
Rood Walz, Rundker	*Langapfelsorte*
Scheeperappel	*Apfel für Schäferjungen*
Schlotterappel	*Landapfelsorte, Kerne klappern im Apfel*
Septemberappel	*Apfel, im September reifend*
Siedenhemdkes	*Seidenhemdchen-Apfel*
Sluutappel, Steekappel	*mit Geld präparierter Geschenk-Apfel*
Smörappel, Wassappel	*Apfel mit dickem Stängel*
Sömmerkiener(appel)	*Klarapfel, wenig haltbar, früh reifend*
Sötappel	*Apfel, sehr süß schmeckend*
Speckappel	*Apfel, sehr glänzend aussehend*
Spiekerappel	*Apfelsorte*
Spitzappel	*Spitzapfelsorte*
Splittappel, Steekappel	*Apfelbaum aus Stecklingen gezogen*
Steernappel	*Rote Sternrenette*
Striepappel	*mit gestreifter Schale*
Sülstwassen Appels	*Apfelsorten, aus Kernen gezüchtet*
Suurappel	*saure Frucht, meist grün aussehend*
Swartappel	*Apfel, dunkle Fruchtschale*
Swienkobenappel	*Apfelsorte für Schweinetrog*
Tafelappel	*Apfel, feine Sorte*
Tinsenappel	*Apfelsorte*
Trador, Redorappel „drap d'or"	*Goldzeugapfel*
Tuunappel	*Gartenapfel*
Twellskenappel, Twennel	*Zwillingsapfel, Früchte in Doppelform*
Vaderappel	*Vaterapfel*
Wahrappel, Waarappel	*Dauerapfel, wird immer leckerer*
Wiensuurenappel	*weinsaurer Apfel*
Winterprinz	*Apfelsorte*
Witte Pison	*Elzners pigeonartige Renette*
Wittjeappel	*Langapfelsorte mit sehr heller Schale*
Zegenkoppappel	*Spitzapfelsorte, Ziegenkopfapfel*
Ziepelappel, Zipollenappel	*Zwiebelapfel*
Zitroonappel, -reinette	*Apfel, gelb und säuerlich*

Hier kannst Du wat finnen

ADRESSEN UND BEZUGSQUELLEN

Vereine zum Erhalt alter Apfelsorten

Pomologenverein e.V.
www.pomologen-verein.de

Appelhoff e.V.
www.verein-appelhoff.de

Ostfrieslands Streuobstwiesen e.V.
www.ostfrieslands-streuobstwiesen.de

Obstbaumschulen mit regionalen Apfelsorten

Heinz-Herbert Buss
Oldersumer Straße 19
26632 Ihlow / Simonswolde
Tel. 0 49 29 - 91 59 05
www.naturhof-buss.de

Gerold Brüntjen
Eschhorn 1
26188 Edewecht
Tel. 0 44 05 - 54 57
www.bruentjen-baumschulen.de

Ökowerk Emden
Kaierweg 40a
26725 Emden
Tel. 0 49 21 - 95 40 23
www.oekowerk-emden.de

Dietmar Cordes
Achterstadt 7
26810 Westoverledingen
Tel. 0 49 55 - 58 54

Obstbaumveredlungen auf Anfrage

Marita Tjarks
Wallum/Anderwarfen
26427 Werdum
tjarks.pomologie@gmail.com
www.apfelsorten-ostfriesland.jimdo.com

Michael Theiss
Kirchweg 30a
26529 Leezdorf
Tel. 01 73 - 9 43 99 20

Jörn Paulsen
Kiebitzstraße 3
26441 Jever
Tel. 0 44 61 - 9 47 99 64
www.obstbaumfreund.de

Heinz-Herbert Buss
(Kontaktdaten siehe links!)

Ausbildungen Obstbaumfachwart, Schnittkurse, Vorträge, Bildungsurlaub

Evangelisches Bildungszentrum Ostfriesland (EBZ)
Potshauser Straße 20
26842 Ostrhauderfehn
Tel. 0 49 57 - 9 28 80
www.potshausen.de

Deutsch-Niederländische Heimvolkshochschule e.V.
Von-Jhering-Straße 33
26603 Aurich
Tel. 0 49 41 - 9 52 70
www.europahaus-aurich.de

Siebenpunkt-Marienkäfer
(Coccinella septempunctata)
bevorzugt Blattläuse

Anlage und Pflege von artenreichen Wiesen

Regionales Saatgut
www.rieger-hofmann.de

Deutscher Sensenverein e.V.
Michael Seewald
Langer Weg 102
26629 Großefehn
Tel. 0 49 43 - 46 93
www.sensenverein.de

Blühende Landschaft Großefehn e.V.
Focke Focken
Kanalstraße Nord 23
26629 Großefehn
Tel. 0 49 43 - 12 19
www.bluehendes-grossefehn.de

Büro für Ökologie und Landschaftsplanung
Dipl. Ing. Matthias Bergmann
Krummackerweg 16a
26605 Aurich-Extum
www.bergmann-landschaftsplanung.de

Apfelernte und Apfelsaftpressen

www.mundraub.org

Auricher Süssmost GmbH
Kreihüttenmoorweg 11
26607 Aurich
Tel. 0 49 41 - 9 70 40
www.auricher-suessmost.de

RUZ Schortens
Ausleihe Apfelsaftpresse
Ginsterweg 10
26419 Schortens
Tel. 0 44 61 - 89 16 52
www.ruz-schortens.de

Oldenburger Manufaktur GmbH
Bloherfelder Straße 80e
26129 Oldenburg
Tel. 01 76 - 43 43 38 43 oder
01 57 - 75 75 01 57
info@ol-manufaktur.de
www.ol-manufaktur.de

Anner Boken

WEITERFÜHRENDE LITERATUR

Bosch, Hans-Thomas
Naturgemäße Kronenpflege am Obsthochstamm
2015, Herausgeber Kompetenzzentrum Obstbau – Bodensee
www.kob-bavendorf.de

Brandt, Eckhart
Schmeckt! Neues vom Apfelmann
2015, KJM Buchverlag Hamburg

Brandt, Eckhart
Von Äpfeln und Menschen ...
3. Auflage 2008, Verlag Atelier im Bauernhaus, Fischerhude

Fischer, Manfred; Albrecht, Hans-Joachim; Geibel, Martin; Thönges, Heinrich; Jakubik, Uwe; Großmann, Gerd; Wackwitz, Wolf-Dietmar
Obst Kompakt: Schnitt, Sorten, Verwertung
2007, Eugen Ulmer Verlag

Hammerschmidt, Meinolf
Das Apfelbuch Schleswig-Holstein: Sorten – Geschichten – Rezepte
2. Auflage 2011, Wachholtz Verlag Neumünster

Hartmann, Walter / Fritz, Eckhart
Farbatlas Alte Obstsorten
5. erweiterte Auflage 2015, Ulmer Verlag

Löwel, Ernst Ludwig; Labus, Siegfried
Deutsche Äpfel. Die Handelssorten: Norddeutschland und Niederelbe
bearbeitete Neuauflage 2005 (Zusammenfassung und Neuausgabe der 1941 veröffentlichten Bücher), herausgegeben im Selbstverlag im Auftrag des Fördervereins des Freilichtmuseums Am Kiekeberg e.V., Rosengarten-Ehestorf
www.kiekeberg-museum.de

Mühl, Franz
Alte und neue Apfelsorten
8. Auflage 2014, Obst- und Gartenbauverlag des Bayerischen Landesverbandes für Gartenbau und Landespflege e.V.

Müller, Ariane / Seipp, Dankwart
Norddeutschlands Apfelsorten: Ein Bestimmungsbuch
2015, Ökowerk Emden
www.oekowerk-emden.de

Witt, Reinhard / Dittrich, Bernd
Blumenwiesen – Anlage, Pflege, Praxisbeispiele
1996, BLV Verlag

Alte Obstsorten neu entdeckt für Niedersachsen – Bremen
2. Auflage 2013/2014, Verlag Atelier im Bauernhaus, Fischerhude
www.pomologen-verein.de

QUELLENNACHWEIS

Adden, R. (1999): Die Provinzial-Obstbaumschule zu Rahe. In Rolf, U. (Hrsg.): Aus vergangenen Zeiten – Extum, Haxtum, Rahe

Bielefeld, Rudolf (1924): Ostfriesland – Eine Heimatkunde

Ohling, Gerhard (1963): Kulturgeschichte der Krummhörn. In Ohling, Jannes (Hrsg.): Die Acht und ihre sieben Siele.

Dieken v., Jan (1971): Pflanzen im ostfriesischen Volksglauben und Brauchtum.

Sanders, Adolf (1999): Ostfriesisch-plattdeutsche Tier- und Pflanzennamen (VIII). In Ostfreesland – Kalender für Jedermann.

Sanders, Adolf (2003): Liste für Obstsorten mit plattdeutschen Namen. In Ostfreesland – Kalender für Jedermann.

Schomerus, Johannes (1905): Einträglicher Obstbau in Ostfriesland.

Haddinga, Johanna (2011): Die delikaten Doornkaat-Äpfel. In : Heim und Herd Nr. 5, Beilage Ostfriesischer Kurier

Ahrens, Lutz (2000): Aus meiner Lehrzeit … als Gärtnerlehrling…". In: Unser Ostfriesland Nr. 8, Ostfriesen-Zeitung vom 28.4.2000

Requard-Schohaus, Eva (1994): Wo einst die Königin der Nacht regierte. Ostfriesland-Magazin 5/94

Ten Doornkaat Koolman, Jan (1870): Pomologische Notizen.

LINKS

www.bund-lemgo.de

www.streuobstwiesen.org

www.npv-pomospost.nl
(Noordelijke Pomologische Vereniging)

ÜBER DIE AUTOREN

Dr. Hans Schmidt

(1935-2016), aus Großefehn-Wrisse, Agraringenieur und Tierarzt, war Initator dieses Buches. Viele der in diesem Buch aufgeführten Sorten führen auf seine jahrelangen Recherchen zurück. Seit seinem Ruhestand war er aktives Mitglied im Pomologenverein und lebte sehr naturverbunden inmitten seiner großen Streuobstwiese mit ca. 80 Hochstämmen in der Nähe von Aurich. Ihm waren ausschließlich die alten und insbesondere die Regionalsorten wichtig, die er mit Sortenausstellungen und Vorträgen öffentlichkeitswirksam bewarb.

Marita Tjarks

Jahrgang 1963, ist gelernte Baumschulgärtnerin und Gartenbauingenieurin und als Ausbilderin im Gartenbau in Norden tätig. Sie ist Mitglied im Pomologenverein und unterstützt aktiv die Apfeltage im Weser-Ems-Gebiet (Sortenausstellung und Bestimmung). Mit ihrem Mann bewirtschaftet sie einen Ackerbaubetrieb im Nebenerwerb in Werdum. Ihre Obstwiese umfasst 180 verschiedene Sorten, zumeist alte Apfelsorten.

Heinz-Herbert Buss

Jahrgang 1965, gelernter Maschinenschlosser. Tätig im VW-Werk Emden. Dort aktiv in der Biodiversitätsgruppe mit dem Schwerpunkt Obstbäume. Seit 30 Jahren Autodidakt in Sachen Imkerei und Obst. Lebt seit 12 Jahren in Simonswolde und betreibt dort eine Imkerei und Obstbaumschule im Nebenerwerb. Seit der Neugründung Mitglied im Pomologenverein. Besondere Begeisterung und Sammelleidenschaft für ostfriesische und holländische Apfel- und Birnensorten.

Matthias Bergmann

Jahrgang 1966, studierte Landespflege in Berlin und Hannover. Nach Mitarbeit in einem Planungsbüro war er 10 Jahre Geschäftsführer des NABU-Ostfriesland und baute in Wiegboldsbur den ersten Schulbauernhof Niedersachsens auf. Seit 2008 selbstständig als Landschaftsplaner und Ornithologe in Aurich (Büro für Ökologie und Landschaftsplanung), Obstbaumfachwart und zertifizierter Waldpädagoge. Betreut in seinem 2 Hektar großen Garten gut 100 Obstbäume.

Liebt Wallheckenlandschaften, alte Gärten und Obstwiesen: der Gartenrotschwanz (Männchen).

Noch ein paar Worte zum Schluss!

Sie sind uns also bis hierher gefolgt!
Wir hoffen, unser Büchlein hat Ihnen gefallen und war für den einen oder anderen hilfreich, lehrreich oder zumindest kurzweilig. Wir haben uns um richtige und zuverlässige Angaben bemüht, Fehler können jedoch nicht vollständig ausgeschlossen werden. Wir hoffen, dass es Interessierte gibt, die robuste regionale Sorten anpflanzen möchten. Sie erhalten damit ostfriesische Vielfalt, ostfriesisches Kulturgut!

Unser besonderer Dank gilt Jörg Salzwedel und Ubbo Gerdes aus Aurich für die hoch- bzw. plattdeutsche Korrekturlesung sowie Andrea Boekhoff und Martin Kleinke vom Grafikbüro REDLINE design & illustration aus Emden für die professionelle und liebevolle Gestaltung des Buches. Außerdem danken wir dem Isensee-Verlag aus Oldenburg für das Vertrauen in unsere Arbeit.

Uns ist es eine Herzensangelegenheit, das Thema Äpfel und Ostfriesland erstmals in einem Buch zu veröffentlichen – trotz der vielen Arbeit eine wahre Freude!

Appel-
Bookje

Wir danken herzlich für die ***finanzielle Unterstützung:***

Bildnachweis

ingimage (Cover, Backcover (Montage)) | shutterstock © Tres Amigos (Cover, Backcover, Seiten 1, 3, 127) | pixabay © kaboompics (Seite 2) | shutterstock © Deisey (Seiten 3, 8, 38, 41, 96, 127) | Klaus Börgmann (Seiten 6, 103) | REDLINE, Emden (Seiten 7, 8, 20 (Montage), 24, 25, 29, 34 rechts, 36 (2x), 37, 38/39, 90 (Karte), 94/95, 95, 98, 101 rechts, 107, 109 links, 110 links, 113, 114/115 (Montage), 116, 117 | PhotoPin © Lythy (Seite 9) | Martin Stromann (Seite 11) | Historische Abbildungen (Seiten 12, 14, 23, 29, 31, 32, 94, 117) | Matthias Bergmann (Seiten 13, 15, 18 rechts (2x), 101 links, 111 | Steffen Fahl (Seite 16) | fotolia.com © olympus E5 (Seite 18 links) | Sönke Morsch (Seite 19) | Adobe Stock © Reena (Seite 21 links) | Patrick Reddemann (Seite 21 rechts) | Jörg Salzwedel (Seite 22) | Adobe Stock © alexanderoberst (Seite 27) | http://navigator.geolife.de (Seite 30) | shutterstock © Evgeniy Ayupov (Seite 33) | Adobe Stock © brszattila (Seite 34 links) | Adobe Stock © Impact Photography (Seite 35) | Adobe Stock © PointImages (Seite 39) | Dr. Hans Schmidt (Seiten 42, 44, 46, 50, 52, 54, 58, 66, 70, 72, 74, 76, 80, 82, 84, 86, 88) | Heinz-Herbert Buss (Seiten 48, 56, 64, 78, 92/93) | Marita Tjarks (Seiten 60, 62, 68) | Ems-Zeitung (Seite 92) | Adobe Stock © Cora Müller (Seite 93) | Adobe Stock © ximich_natali (Seite 96) | shutterstock © Dmitry Sheremeta (Seite 97) | fotolia.com © Susanne Güttler (Seite 99) | fotolia.com © Cora Müller (Seite 100) | Adobe Stock © Christian Jung (Seite 108 links) | Adobe Stock © Christian Müller (Seite 108 rechts) | Adobe Stock © Björn Wylezich + lantapix (Seite 109 rechts (Montage) | Insa Buss (Seite 110 oben) | shutterstock © EvgeniiAnd (Seite 112 oben) | Ökowerk Emden (Seite 112/113) | fotolia.com © gertrudda (Seite 121) | Frank Sudendey (Seite 125) | Barbara Bokern (Seite 126)